역사천문학 시리즈 4

시헌력의 기본

태양의 운행

日躔

최승언

교육과학사

우리 인류는 밤하늘에 보이는 별들 그리고 그 사이를 운행하는 달과 행성들 특히 맨 눈으로 관측되는 오행성(수성, 금성, 화성, 목성, 토성)들의 움직임에 관심을 가졌고, 낮에는 태양의 움직임에 민감하였다. 태양의 일주운동은 하루를 있게 했고, 달의 모양 변화는 한 달을 있게 했다. 달이 없어졌다가 다시 나타나기 시작하면서 한 달이 시작되고 달이 없어지면 그 달이 마무리 되었다. 더 나아가 태양의 연주운동을 조사하여 1년을 있게 했다. 태양이 떠오르면 사람들의 활동이 활발해지고, 태양이 지면 사람들은 활동을 멈추고 쉼을 청했다. 달의 모양 변화를 통해 보름이 되면 사람들은 집 밖으로 나가 교제를 즐기고, 명절을 만들어 국가적인 행사를 통해 즐거운 삶을 영위 하였다. 일식과 월식을 인류가 가진 역법을 통하여 예측하고, 이러한 식들을 관측하여 이러한 현상이 신적인 것이 아니라 달이 태양을 가리면 일식, 달이 지구의 그림자로 들어가면 월식이라는 천문 현상으로 이해하게 되었다.

태양의 연주운동은 인류에게 더 큰 의미가 있었다. 태양의 고도가 높아지면서 따뜻해지면 만물이 소생하고, 농업이 주 산업인 시대에는 태양이 황도 상에서 어디에 있느냐에 따라 씨를 뿌리고, 재배하고 거두게 되었다. 그래서 음력을 사용하지만 절기는 태양의 움직임을 이용하였다. 더군다나 태양의 움직임은 우리가 사용하는 시각을 알게 해 주었다. 물론 태양이 없는 밤에는 물시계를 사용하지만 부정확하였고 낮에 사용한 해시계를 대신 했다. 해시계야 말로 그 지방의 시각과 1년 중의 절기를 자세하게 알려 주었다. 따라서 태양이 황도 상을 어떻게 운행하고 있는가를 알기 위한 인간의 노력은 그 역사가 아주 길다.

태양과 달 그리고 오행성의 움직임에 대한 인간의 관측과 추보는 그 역사가 기원전부터 아주 오래 되었으며, 특별히 이러한 천체들의 움직임과 인간 삶과의 연관을 인류는 오랫동안 관심을 가지고 연구해 왔다. 그 중에는 허무맹랑하고 신비적인 요소가 뒤섞인 것들도 많지만 과학적인 모델과 수학적인 방법을 이용하여 현재까지도 이어지는 연구 결과들도 많이 있다.

2019년 중반부터 본 서가 쓰여진 2023년 중반까지 거의 4년에 걸쳐 역사적으로 유명한 '천문역법'의 태양편을 여러 학자들과 함께 공부하면서 고대로부터 현대에 이르기까지 태양의 위치 추보에 대하여 시대마다 어떻게 다루었는지를 조금씩 알게 되었다. 서양의 책으로는 프톨레마이오스의 《알마게스트》, 코페르니쿠스의 《천구의 회전에 관하여》, 튀코 브라헤의 《새로운 천문학 입문》의 태양편을 참고하고, 중국의 역법책은 《숭정역서》, 《역상고성》, 《역상고성후편》의 태양편으로, 요약 및 해설은 이미 책으로 집필되어 교육과학사를 통해 발간되었다. 조선의 천문역법책으로 이순지와 김담에 의한 《칠정산 내편》과 《칠정산외편》, 허원의 《세초유휘》, 남병길의 《시헌기요》, 남병철의 《추보속해》 모두 태양편을 공부하고 참고하였다. 많아 보이지만 태양의 위치를 추보하는 데는 고대로 지금까지 그 방법이 거의 비슷한 것을 알 수 있었다.

본 서에서는 태양의 운행과 관련되고, 과학사적으로 그리고 천문학적으로 의미가 있는 천문지식 내용들을 다룰 것이며, 이를 명확하게 하기 위해 수학이라는 언어를 사용하려 한다. 특별히 수학은 자연에서 일어나는 현상을 아주 잘 설명하는 도구이다. 자연 현상을 우리가 가지고 있는 언어로도 설명할 수 있지만 현상을 정확하게 설명하기가 쉽지 않고, 읽고 듣는 사람이 가지고 있는 지식 자본에 따라 이해의 정도가 많이 다르다. 본 서에 서술된 천문지식 내용을 보면서 수학이라는 언어의 사용에 독자들이 익숙해졌으면 한다. 수학이라는 도구를 이용하여 되도록이면 태양의 운행과 관련된 천문학적인 관측과 이론적 고찰들을 역사적으로, 지식적으로 거의 모두를 다루어 보려고 한다. 위에 언급한 역사천문역법 책들과 해설서조차도 읽고 이해하기가 그리 쉽지 않으나 본 서를 참고하면 많은 도움이 되리라 생각된다.

태양의 운행에 대하여 시작은 지구에 위치한 관측자의 입장에서 기술하게 된다. 물론 지금도 태양의 위치를 추보할 때에는 관측자의 위치가 중요하다. 그러나 지구가 태양계의 중심도 아니고, 우리은하의 중심도 아니다. 지구가 태양을 공전하고 있어도 우리가 지구에 살기에 자구를 중심으로 태양의 운동을 살필 것이다. 더 나아가 은하수로 관측되는 '우리은하'에서 태양의 운동이 어떠한지, 우리가 살고 있는 지구를 포함하는 우주에는 그 중심이 없다지만 이 지구는 우주의 어느 방향으로 움직이고 있는지도 알아볼 것이다. 본 서에서는 이러한 모든 그 동안 인류가 관측으로, 이론으로 발견한 천문학적인 지식들에 대하여 천문학사적인 입장에서 생각해 보기로 한다.

본 서가 나올 수 있었던 것은 앞서 언급했던 여러 학자들과 청나라의 천문역법책인

《숭정역서》, 《역상고성》, 《역상고성후편》의 태양편을 강민정 박사의 한문 번역과 해설을 통한 강독이 아니면 불가능했다. 이 강독팀이 중요한 것은 천문학자뿐 아니라 고대 그리스어, 라틴어에 능통한 역사학자도 있고, 천문 내용보다는 이러한 천문역법책들과 관련된 역사를 연구하는 과학사학자들도 함께 했다. 본 서의 저자인 본인은 천문역법책에 나오는 천문역법 내용이 모두 한문으로 기술되어 있고, 기하학으로 천문 현상을 설명하고 있는데 이를 모두 대수학과 미적분학, 구면 삼각법 등의 현대수학으로 바꾸어 한문으로 쓰여진 내용이 천문학적으로 무엇을 의미하는지와 어떤 천문 내용과 연결되는지를 자세히 해설하였다. 이 강독에 현재 열심히 참여하고 있는 학자들을 열거해 보면 저자 본인을 비롯하여 강민정 박사(한국고전번역연구원), 서원모 교수(장신대), 이은희 교수(연세대), 안영숙 박사(전 한국천문연구원), 양홍진 박사(한국천문연구원), 최고은 박사(충북대), 이면우 박사(춘천교대), 이진현 신부(서강대 교수), 이용복 교수(전 서울교대), 박사과정 중인 김슬기 선생(서울대), 박사과정 중인 이효준 선생(한국천문연구원), 정호준 학생(장신대) 등이다. 이 분들이 같이 해 주셨기에 본 서가 나올 수 있었다. 모든 분에게 감사드린다. 특별히 천문역법책의 번역 요약 및 해설서와 본 서까지도 '천문역법시리즈'로 발간해 주는 '교육과학사'에도 감사드린다.

본 서는 나의 어머니이신 이유희 권사께서 중환자실 입원 중에 심난한 마음 상태에서 원고 쓰기가 시작되었고, 지금은 완쾌되셔서 24시간 돌봄 서비스를 받으셔야 하지만 그래도 원고를 마치면서 어머니께서 집으로 돌아오심에 감사드린다. 1991년에 발행된 내 저서가 2023년 현재도 절판되지 않았다. 본 서도 이렇게 오랫동안 천문역법을 공부하는 분들에게 계속 읽혔으면 한다.

차 례

제 1 부

태양의 운동에 대한 역사적인 고찰

제1장 태양의 운동에 대하여

태양의 운동을 관찰해보면 태양은 하루 동안 지평선 위에 떠서 낮을 있게 하고, 지평선 아래에 있어서 밤을 있게 한다. 이러한 태양의 운동을 '일주운동'이라 한다. 이러한 일주운동은 지구가 하루에 한 번씩 자전하기에 지표면에 위치한 관측자에게는 아주 자연스러운 현상이고, 태양뿐 아니라 밤하늘에서 볼 수 있는 모든 천체들도 똑 같은 '일주운동'을 한다. 다만 지구의 자전축이 하늘의 한 방향을 가리키고 있고 밤하늘의 별들은 천구에 거의 고정되어 있기에 늘 같은 형태의 일주운동을 한다. 그러나 일년 동안 태양의 적위[1]가 변해 춘・추분 때에는 태양의 적위가 0이기에 태양은 천구의 적도를 따라 일주운동을 하지만 태양의 적위가 0이 아닐 때에는 적도와 평행한 소원(小圓)을 따라 일주운동을 한다. 물론 지구 자전축의 기울기가 $\epsilon \simeq 23.5°$ 정도이기에 태양의 적위 δ는 $-\epsilon \le \delta \le \epsilon$에 있다. 그래서 [그림 1-1]과 같은 '일주운동'이 나타난다. 지구는 태양을 1년 동안 한 바퀴 공전하기에 지구에서 태양을 바라보면 태양이 지구를 1년에 한 바퀴 공전한다. 이러한 태양의 1년 동안의 운동을 '연주운동'이라 한다. 태양이 1년 동안 운행하는 천구 위에 나타나는 대원을 '황도'라 부른다. 천구에서 적도와 황도는 지구의 자전축이 기울어져 있는 만큼 기울어져 있다. 그래서 하지에는 동북쪽 위치인 a에서 태양이 떠서 s에 남중하고 서북쪽 b로 진다. 이 날 태양의 고도는 관측자의 위도(북극의 고도)가 ϕ일 때 $90° - \phi + \epsilon$가 된다. 떠 있는 시간이 가장 길어 낮이 가장 길다. 물론 동지 때에는 동남쪽 d에서 떠서 w에서 남중하고, 서남쪽 g로 진다. 이때의 고도는 $90° - \phi - \epsilon$이며 낮의 길이는 가장 짧다.

---

1) 반경이 무한대인 '천구'까지 지구의 적도를 연장하여 만들어진 천구의 대원을 하늘의 '적도'라 한다. 천체의 위치가 적도로부터 위 혹은 아래로 떨어진 각거리를 '적위'라 하고, 춘분점으로부터 적도를 따라 떨어진 각거리를 '적경'이라 한다.

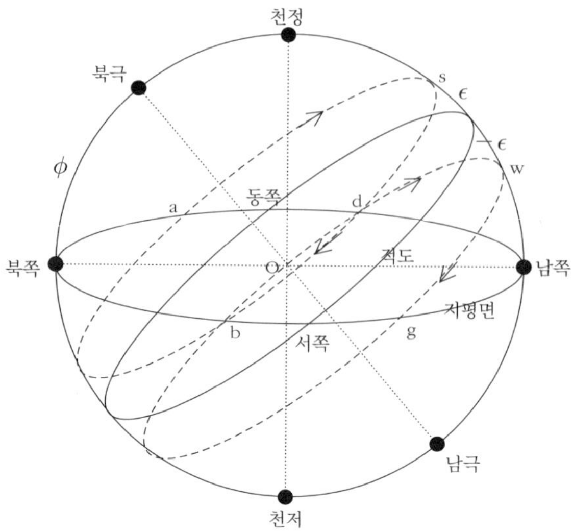

[그림 1-1] 천구상에서 태양의 일주운동

태양이 연주운동을 하기에 지구에서 태양을 바라보았을 때에 태양이 위치한 별자리가 1년 동안 변할 것이다. 서양에서는 옛날부터 황도를 황경 30도 간격으로 12구간을 만들어 사용하였다. 이를 '황도 12궁'이라 한다. 이와 함께 황도를 황경 90도 간격으로 나누어 4절기를 사용했는데 춘분, 하지, 추분, 동지가 그것이다. 그러나 동양에서는 황도를 동지로부터 15도 간격으로 24구간으로 나누어 사용하였다. 이를 24절기라고 부른다. 24절기는 절기마다 날씨와 연관된 이름들이 많다. [표 1-1][2]은 24절기와 그 때의 대략의 음력과 양력 날짜를 보여주고 있다. 옛날에는 황도를 따라 평균태양이 15도 간격으로 진행되는 15.21875일마다 절기를 두었다. 이를 '평기법'이라 한다. 그러나 시헌력[3]을 사용한 이후 지금까지 실제 태양이 황도상에서 15도 간격을 가는 날짜를 계산하여 절기를 정한다. 이를 '정기법'이라 한다. 따라서 요즘은 한 절기의 기간이 14~16일 정도가 된다. 그래서 태양이 황도상에서 어떻게 운행하는지 아는 것은 중요하다.

---

2) 절기(節氣)－한국민족문화대백과사전(aks.ac.kr)의 절기를 설명하는 내용에 있는 표를 가져왔다.

3) 태양과 달 그리고 5행성의 위치 추보를 서양의 과학적인 모델을 사용하여 만든 중국 청의 역법으로 중국에서는 1645년에, 조선에서는 중국의 시헌력을 받아 1654년부터 본격적으로 사용하였다.

[표 1-1] 24절기

음력월	절기	양력일자	황경
1월(孟春月)	입춘(立 春)	2월 4일경	315°
	우수(雨 水)	2월 19일경	330°
2월(仲春月)	경칩(驚 蟄)	3월 6일경	345°
	춘분(春 分)	3월 21일경	0°
3월(季春月)	청명(淸 明)	4월 5일경	15°
	곡우(穀 雨)	4월 20일경	30°
4월(孟夏月)	입하(立 夏)	5월 6일경	45°
	소만(小 滿)	5월 21일경	60°
5월(仲夏月)	망종(芒 種)	6월 6일경	75°
	하지(夏 至)	6월 21일경	90°
6월(季夏月)	소서(小 暑)	7월 7일경	105°
	대서(大 暑)	7월 23일경	120°
7월(孟秋月)	입추(立 秋)	8월 8일경	135°
	처서(處 暑)	8월 23일경	150°
8월(仲秋月)	백로(白 露)	9월 8일경	165°
	추분(秋 分)	9월 23일경	180°
9월(季秋月)	한로(寒 露)	10월 8일경	195°
	상강(霜 降)	10월 23일경	210°
10월(孟冬月)	입동(立 冬)	11월 7일경	225°
	소설(小 雪)	11월 22일경	240°
11월(仲冬月)	대설(大 雪)	12월 7일경	255°
	동지(冬 至)	12월 22일경	270°
12월(季冬月)	소한(小 寒)	1월 6일경	285°
	대한(大 寒)	1월 21일경	300°

제2장 프톨레마이오스의 《알마게스트(Almagest)》에 제시된 방법으로 태양 황경 구하기

태양의 운행을 기하학적인 모델을 이용하여 처음으로 제시한 서양의 과학자는 기원전 히파르코스라고 알려져 있다. 이는 《알마게스트》에서 프톨레마이오스가 기록해 놨기에 우리가 그렇게 알게 되었다. 이제 현대천문학적인 궤도 운동에 대한 지식을 이용하여 프톨레마이오스가 어떻게 황도상에서 태양의 위치를 추보하였는지(알아냈는지)를 살펴 본 다음, 뒤에서 그가 사용한 태양 운동 모델인 이심모델(離心모델, Eccentric)에 대해서도 알아보도록 하겠다.

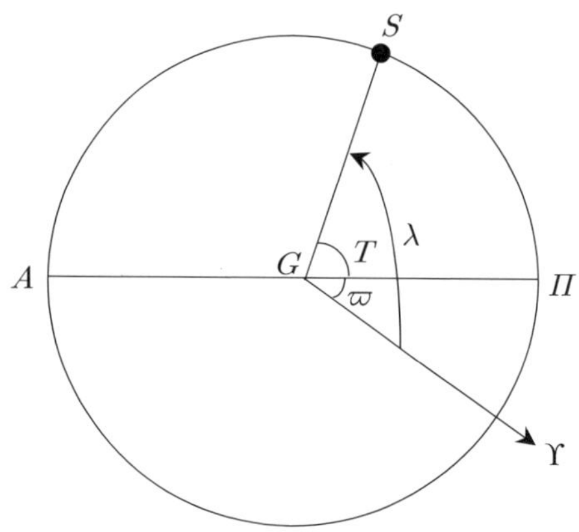

[그림 2-1] 지구 중심 태양 궤도

[그림 2-1]은 지구를 중심으로 하는 태양의 궤도이다. 원래는 태양 주위를 지구가 공전해야 한다. 그러나 관측자는 지구에 있다. 따라서 지구를 중심으로 놓으면 마치 태양이 지구를 공전하는 것으로 관측된다. '지구중심모형'이나 '태양중심모형'이나 어느 모형에서도 모든 천체를 지구에서 관측하기 때문에 '지구중심모형'을 따라 생각하는 게 쉽다.

이제 [그림 2-1]에서 근지점 경도인 ϖ는 $\varpi = \omega + \Omega$이다. 여기서 Ω는 승교점 경도(춘분점에서 승교점까지 각도)이고, ω는 근지점 편각(승교점에서 근지점까지 각도)이다. 그런데 태양의 경우에는 태양이 황도를 움직이기에 승교점이 없다. 즉 Ω가 없기에, 승교점 방향과 춘분점 방향을 같게 놓으면($\Omega = 0°$) $\varpi = \omega$가 된다. 따라서 근지점 편각이 근지점 경도와 같고, 춘분점(♈)에서 근지점(Π)까지 반시계방향[4]으로 잰 각이 된다. 만약 근지점이 시간에 따라 이동하면[5] '근지점이동'이 발생하는데 이를 $\dot{\varpi}$이라고 하자. Δt 후에는

$$\varpi = \varpi_0 + \dot{\varpi}\,\Delta t \tag{2-1}$$

가 된다. 각 T는 근지점(Π)으로부터 태양(S)까지 각으로 $\angle \Pi GS$이다. 이 각을 실근점이각(實近點離角, true anomaly)이라고 부른다.

태양의 황경 λ는 [그림 2-1]과 같이

$$\lambda = \varpi + T \tag{2-2}$$

인 관계가 있다.

그런데 지구는 자신의 궤도에서 평균보다 빠르게 가기도 하고 느리게 가기도 한다. 그래서 지구에서 보면 태양이 평균운행속도보다 빠르게 가기도 하고 느리게 가기도 한다. 태양의 1일 평균 운행 각속도를 n이라 하면 평균운행 각은 Δt 후에 $n\Delta t$가 되고, $t = t_0$일 때에 평균 황경이 $\overline{\lambda}_0$이었다면 t 때는 $\Delta t = t - t_0$이기에 평균 황경 $\overline{\lambda}$는

$$\overline{\lambda} = \overline{\lambda}_0 + n\,\Delta t \tag{2-3}$$

이 된다. 그러나 실제 황경 λ와 평균 황경 $\overline{\lambda}$사이에는 차이가 있다. 이를 '가감차(equation of center)' q라 한다. 즉

$$q = \lambda - \overline{\lambda} \tag{2-4}$$

---

4) 궤도 위의 상공에서 보았을 때 보이는 회전 방향이다.

5) '태양중심모형'인 지구 궤도에서 보면 근일점이 지구 궤도 자체의 세차운동과 지구 회전축의 세차운동으로 인하여 1년에 대략 61.93초를 시계방향으로 움직인다.

이다.

(2-2)식에서 가감차 q를 빼주면 $(\lambda - q) = \varpi + (T - q)$가 된다. (2-4)에서 $\lambda - q = \overline{\lambda}$이고,

$$M = T - q \tag{2-5}$$

으로 정의하면,

$$\overline{\lambda} = \varpi + M \tag{2-6}$$

으로 쓸 수 있다. 여기서 M을 평균근점이각(平均近點離角, mean anomaly)라 부른다. 이 각도 시간에 따라 일정하게 증가하는 각이다.

(2-6)에 (2-3)과 (2-1)식을 이용하면 $\overline{\lambda} = \overline{\lambda}_0 + n\Delta t = \varpi + M = \varpi_0 + \dot{\varpi}\Delta t + M$이 된다. (2-6)식에 의하면 $\overline{\lambda_0} = \varpi_0 + M_0$이기에

$$M = M_0 + n\Delta t - \dot{\varpi}\Delta t \tag{2-7}$$

가 된다.

《알마게스트》와 중국의 '수시력[6]'에서는 근지점 이동을 고려하지 않았기에 $\dot{\varpi} = 0$이다. 따라서 $\varpi = \varpi_0$이다. 이러한 경우, 태양의 황도인 λ를 구하려면 먼저 경과 시간인 Δt를 계산하고 그다음 $n\Delta t$를 구한다. 그리고 차례로 아래의 계산을 행한다.

$$M = M_0 + n\Delta t \tag{2-8-1}$$

6) 수시력은 중국 원의 곽수경이 1270년에 만든 역법으로 시헌력을 사용하기 전에 사용한 역법 중 가장 우수한 역법이다.

$$\bar{\lambda} = \bar{\lambda}_0 + n\Delta t \tag{2-8-2}$$

$$q = \tan^{-1}\left(\frac{0.04151\sin M}{1 - 0.04151\cos M}\right) \tag{2-8-3}$$

$$\lambda = \bar{\lambda} + q \tag{2-8-4}$$

이 계산에서 사용한 가감차 q의 계산식인 (2-8-3)은 '이심모델'을 사용한 결과이다. 즉 태양의 궤도는 이심원(離心圓)이고, 태양의 이심궤도인 원궤도(離心圓)의 중심인 이심(離心)과 지구가 떨어진 거리가 이심원의 반경과의 비로 나타낸 수를 '양심차(兩心差)'라 하는데 《알마게스트》에서는 그 값이 0.04151을 사용했다. 태양은 이심원 상을 움직이고, 이심과 떨어져 있는 자구의 관측자가 보면 지구에서 가까우면 빨리 움직이고, 멀면 늦어진다. 이제 다음의 예제를 통해 태양의 위치를 추보해 보자

예제 2-1 **나보나사르 548년(Nabonassar 548), 6월 9일(Mechir 9th), 자정 후 $1\frac{1}{3}$시 때의 태양의 황경을 구해보자.**

1) [표 2-1]의 이집트력을 이용하면 $\Delta t = 547$년 5개월 8일 $13\frac{1}{3}$시간을 얻는다.

[표 2-1] 이집트력

- 원년(epoch): 나보나사르 1년 1월 1일 자정(Nabonassar 1 Thoth 1 noon)
- 1년은 365일, 한 달은 30일,
- 1월: Thoth, 2월: Phaopi, 3월: Athyr, 4월: Choiak, 5월: Tybi, 6월: Mechir, 7월: Phaemenoth, 8월: Pharmouthi, 9월: Pachon, 10월: Payni, 11월: Epiphi, 12월: Mesore, 5 윤일(epagomenal days)

2) 1년이 $\left(365\frac{1}{4} - \frac{1}{300}\right)$일 이기에 $n = \left(\dfrac{360°}{365\frac{1}{4} - \frac{1}{300}}\right) = 0;59,08,17,13,12,31°$

이다. 따라서 $n\Delta t = 23;17,22$ 도가 된다. 각도 계산에 360°가 넘으면 360°보다 작은 각이 될 때까지 360°를 덜어낸다.

3) $\overline{\lambda}_0 = 330;45°$(Pisces 0;45♎), 원지점 경도 $\varpi_0 = 65;30°$(Gemini 5;30♎), $M_0 = 265,15°$이기에 $M = M_0 + n\Delta t = 288;32,22°$, $\overline{\lambda} = \overline{\lambda}_0 + n\Delta t =$ $354;02,22°$을 얻는다.

4) M이 여기서는 원지점을 기준으로 하는 '평균원점이각'이기에 가감차는 (2-8-3) 식에 $M+180°$를 대입하여 얻은 가감차 식을 이용한다. 따라서 $q = \tan^{-1}\left(\dfrac{-0.04151\sin M}{1+0.04152\cos M}\right) = 2;13,28°$가 계산된다.

5) 실제 황도는 $\lambda = \overline{\lambda} + q = 356;15,50°$(Pisces 26;15,50♎)이다.

6) 4)식에서 이용한 가감차 식의 M은 원지점으로부터 잰 각이다. 또한 3)의 ϖ_0는 원지점경도이다. ϖ_0가 근지점경도가 되려면 180°를 더하면 된다. 따라서 $\varpi_0 + 180° = 180° + 65;30° = 245;30°$이며 이 값은 근지점경도이다. $\overline{\lambda}_0 =$ $330;45°$(Pisces 0;45♎)에서 이 값을 빼면 $M_0 = 85;15°$가 나오며 역원 때의 평균근점이각이다. 따라서 $M = M_0 + n\Delta t = 108;32,22°$가 되는데 이는 평균근점이각이 되고. 이제 (2-8-3)식을 이용하면 $q = \tan^{-1}\left(\dfrac{0.04151\sin M}{1-0.04151\cos M}\right)$ $= 2;13,28°$이기에 $\lambda = 356;15,50°$을 얻는다. 5)와 같은 결과를 얻었다.

만약 $\dot{\varpi} \neq 0$인 경우는 (2-8-1)의 M을 나타내는 식에서 $\dot{\varpi}\Delta t$를 빼서 새로운 M을 구하여 가감차 q를 구한다. 아래에 주어진 순서로 태양의 황경을 구할 수 있다.

$$M = M_0 + n\Delta t - \dot{\varpi}\Delta t \qquad (2\text{-}9\text{-}1)$$

$$\overline{\lambda} = \overline{\lambda}_0 + n\Delta t \qquad (2\text{-}9\text{-}2)$$

$$q = \tan^{-1}\left(\frac{0.04151\sin M}{1-0.04151\cos M}\right) \qquad (2\text{-}9\text{-}3)$$

$$\lambda = \overline{\lambda} + q \qquad (2\text{-}9\text{-}4)$$

이 경우에 구한 황경은 $\dot{\varpi}\Delta t$에 의하여 가감차 q 값에 영향을 주기에 λ의 값에도 영향을 준다.

예제 2-2 **[예제 2-1]에서 $\dot{\varpi}= 0;01,1.93°$/년을 고려하시오**

1) $\dot{\varpi}= 0;01,1.93°$/년이면 $\dot{\varpi}= 0.0000471°$/일이 되기에 $\dot{\varpi}\Delta t = 9;16,33.7°$ 이다.

2) $M = M_0 + n\Delta t - \dot{\varpi}\,\Delta t = 279;15,48.38°$ 이기에 $q = 2;19,49.67°$ 이고, $\lambda = 356;22,11.75°$ 이다. 원(근)지점 이동을 고려하면 태양의 황도가 $0;06,21.72°$ 더 앞섰다. 이는 2시간 35분의 관측 시간 차이를 보인다.

3) $\dot{\varpi}$을 고려하고, 근지점을 기준으로 계산해도 $M = M_0 + n\Delta t - \dot{\varpi}\Delta t = 99;15,48.38°$ 이고 $q = 2;19,49.67°$ 이기에 $\lambda = 356;22,11.75°$를 얻는다. 위의 2)와 같은 결과를 얻었다.

제3장 '시헌력'의 경우

시헌력도 (2-9)식들을 이용하는 것은 동일하다. 그러나 춘분점 ♈ 대신 동지점을 기준으로 하였다. 《숭정역서》는 평동지부터 동지 이튿날 0시까지의 경도 값을 '근수'라고 표현하였고 '역원후이백항년표'에 기록하였다. 숭정 원년 1628년이 역원인데 이 해의 근수가 0;52,39,50°인데 1627년 평동지부터 그 이튿날 0시까지의 경도가 0;52,39,50°라는 의미이다. 그리고 $\overline{\lambda}_{1628} = 0;52,39,50°$로 표시한다. 이제 $n = 0;59.138842°$(회귀년은 365.2421872일이다.)를 이용하면 $\overline{\lambda}_{1629}$는

$$\begin{aligned}\overline{\lambda}_{1629} = \overline{\lambda}_{1628} + n \cdot 365 &= 0;52,39,50° + 0;59.138842° \times 365 \\ &= 360;38,20,28°\end{aligned} \tag{3-1}$$

로 계산된다. 이 값은 360도를 넘어 0;38,20,28°를 더 갔다는 의미이다. 따라서 1629년에 사용할 근수는

$$\overline{\lambda}_{1629} = 0;38,20,28° \tag{3-2}$$

라는 의미이다.

또한 $\varpi_{1628} = 5;59,59°$이다. 《숭정역서》에서는 $\dot{\varpi} = 0;00,45°/$년을 사용하고 있다. 실제 값인 약 62초보다 17초 정도나 작다. 그렇지만

$$\varpi_{1629} = \varpi_{1628} + \dot{\varpi}\frac{365}{365.2421872}$$
$$= 5;59,59° + 0;00,45° \times \frac{365}{365.2421872} = 0;06,00,44° \qquad (3\text{-}3)$$

이 된다. 이를 '최고충도분'이라 부른다. '최고충'은 근지점을 의미한다. '역원후이백항년표'에는 1628년에서 1872년까지 200년간의 '근수'와 '최고충도분'이 수록되어 있다. 그런데 계산 값이 틀린 경우가 많아 사용 시에 유의해야 한다.[7]

이제 숭정 4년(1631년) 정월 1일[8] 자정 초각(0시) 때의 태양의 경도[9]를 구해보자. 평동지 다음날 새벽 0시부터 정월 1일 0시까지 경과 일수는 $\Delta t = 41$일 이다. 따라서

$$n\Delta t = \frac{360°}{365.2421874\text{일}} \cdot 41\text{일} = 40;24,41,33° \qquad (3\text{-}4)$$

가 된다. $\overline{\lambda}_{1631} = 0;09,41,45°$이다. 따라서

$$\overline{\lambda}_{1631,\text{ 정월 }1} = \overline{\lambda}_{1631} + n\Delta t = 40;34,23,18,14.6° \qquad (3\text{-}5)$$

가 된다. 또한 $\varpi_{1631} = 6;02,14°$이다. 따라서

$$\varpi_{1631\text{ 정월 }1} = \varpi_{1631} + \dot{\varpi}\Delta t = 6;02,14° + 0;00,45°\frac{41}{365.2421872}$$
$$= 6;02,19° \qquad (3\text{-}6)$$

가 된다. 또한

7) 강민정, 김석주, 서원모, 이면우, 최승언, 시헌력의 시작 숭정역서에 기술된 태양의 운동, 2020, 교육과학사 참조
8) 음력 날짜임을 유의하자.
9) 여기서의 경도는 황도와는 다르다. 동지점을 기준으로 하였기에 황경과 90도 차이가 난다.

$$M_{1631\text{정월}1} = \overline{\lambda}_{1631\text{정월}1} - \varpi_{1631\text{정월}1} = 34;32,04,20.53° \tag{3-7}$$

이 값에 대한 '균수' q는 '균륜모델'[10]을 이용하여 구하면

$$q = \tan^{-1}\left(\frac{E\sin M}{1 - \frac{E}{2}\cdot\cos M}\right) = 1;10,53° \tag{3-8}$$

이다. 여기서 '양심차' E는 $E = 0.03584$를 사용하였다. 이제 $\lambda_{1631\text{정월}1}$은

$$\lambda_{1631\text{정월}1} = \overline{\lambda}_{1631\text{정월}1} + q = 41;45,16,20.5° \tag{3-9}$$

가 된다. $\lambda_{1631\text{정월}1}$는 동지(황경 270°)부터의 경도이기에 태양의 황경인 $\lambda_{\text{황경}}$은 $\lambda_{\text{황경}} = \lambda_{1631\text{정월}1} + 270°$ =311;45,16,20.5°가 된다. Aqu 11;45,16,20.5°에 위치한다. '황적거도' ε를 23;31,20°라 하면

$$\alpha = \tan^{-1}(\tan\lambda_{\text{황경}}\cos\varepsilon) = 314;14,00,37,3° \tag{3-10-1}$$

$$\delta = \sin^{-1}(\sin\lambda_{\text{황경}}\sin\varepsilon) = -17;19,24,44,49° \tag{3-10-2}$$

가 된다. 이 때(숭정 4년(1631년) 정월 1일 자정 초각(0시) 때) 태양은 $a = -(90° - \phi) + \delta = -52;30° - 17;19,24,44,49° = -69;49,24,44,49°$에 위치한다. 즉 북쪽 자오선 지평선 밑 70°근처에 위치한다([그림 3-1] 참조).

10) 《숭정역서》의 이론편인 〈일전역지〉에서는 이심모델로 태양의 운동을 설명하지만 실제 추보에서는 〈일전표〉에 '평행심 모델(Equant Model)'을 이용하여 구한 가감차 값 즉 균수를 제시하고 있다. 그런데 균수 값들은 《역상고성》의 2개의 주전원인 본륜과 균륜을 이용한 '균륜모델'을 사용하여 계산한 균수 값과 차이가 없다.

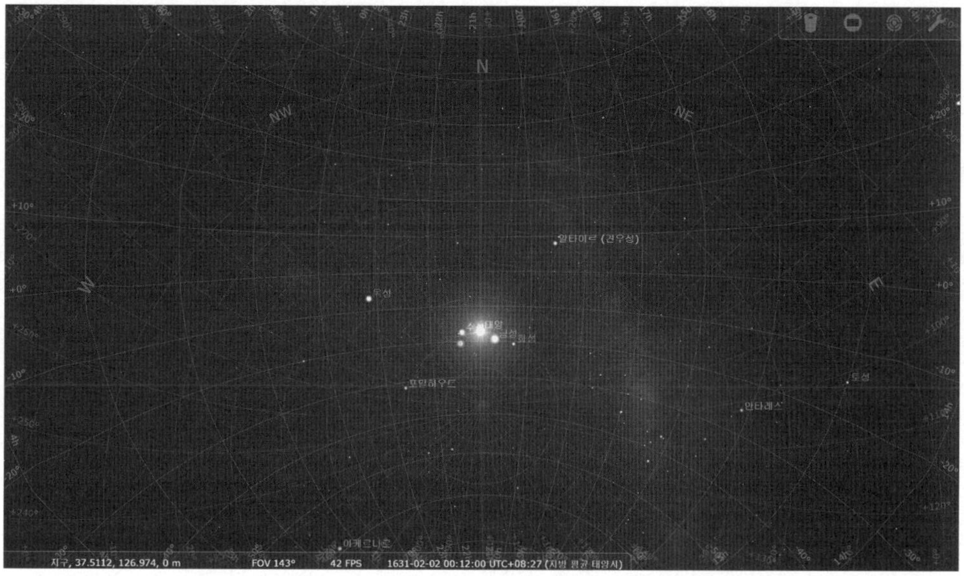

[그림 3-1] 1631년 음력 자정 초각 때의 태양의 위치

《역상고성》과 《역상고성후편》에서는 $\dot{\varpi}$의 값을 $\cong 62''$/년의 값을 사용하고 있다.[11] 이 값은 ϖ값에 영향을 주어 M값을 변화시키지만 '균수' q값은 보다 덜 변화시키기에 λ의 값은 그리 크게 차이를 보이지는 않는다. 즉 $\lambda_{황경} = \lambda + 270°$의 값은 차이가 그리 크지 않더라도 관측 시간이 달라질 수 있다. 중국을 중심으로 하는 동양의 역법은 모든 계산이 동지점을 기준으로 하고, 서양은 춘분점을 기준으로 하기에 황도에서의 경도 차이는 90°임을 다시 상기한다.

11) 강민정, 김슬기, 이면우, 최승언, 시헌력의 발전 역상고성에 기술된 태양의 운동, 2023, 교육과학사
강민정, 김슬기, 서원모, 이면우, 최승언, 시헌력의 완성 역상고성후편에 기술된 태양의 운동, 2023, 교육과학사

제4장 《알마게스트》에 제시된 방법으로 서기 2000년의 태양 이심원의 '양심차'와 '근지점 경도' 구하기

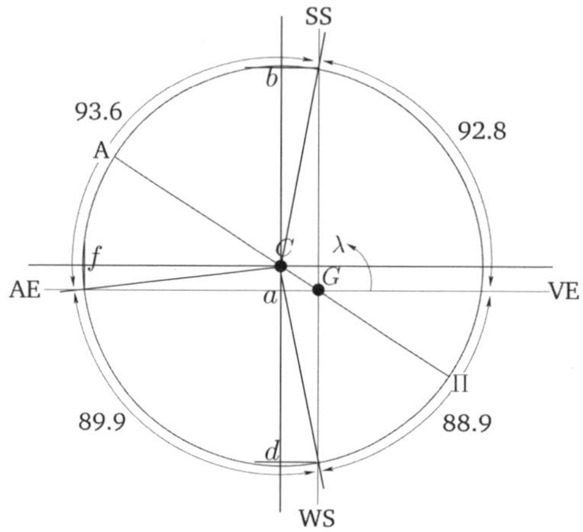

[그림 4-1] 이심원인 태양 궤도

지구의 궤도는 타원궤도이다. 그렇기에 지구를 중심으로 하는 태양의 궤도도 타원궤도이다. 그러나 타원궤도를 다루기는 쉽지 않다. 그렇기에 《알마게스트》에 제시된 이심원을 이용하여 태양 궤도의 대략의 '양심차'와 '근지점 경도'를 구해 보도록 하겠다.

[그림 4－1]에서 관측자(G)는 2000년 춘분부터 2001년 춘분까지 태양의 운동을 관찰해서 춘분(VE)에서 하지(SS)까지는 92.8일, 하지에서 추분(AE)까지는 93.6일, 추분에서 동지(WS)까지는 89.9일, 동지에서 추분까지는 88.9일 경과함을 관측했다고 하자. 태양의 '이심모델'에서는 관측자의 위치(G)와 이심원의 중심(離心, C)이 떨어져 있다. 이를 '양심차'라 부른다고 했다. 태양은 C가 중심인 이심원에서 등속운동을 한다. 그러나 G에 위치한 관측자가 보기에는 [그림 4－1]에서와 같이 하지에서 동지까지 93.6+89.9＝183.5일이 걸렸다. 지구에서 보았을 때 태양은 평균 공전 각속도가 $n=0.98564735°/$일이기에 183.5일 동안에 태양은 이심원의 궤도를 $\angle(SS)C(WS)=183.5n=180.866°$만큼 움직였다. $\angle(SS)Cb=\angle(WS)Cd$이고 이 각의 값은 $\dfrac{180.866-180}{2}=0.433° \simeq 26'$이 된다. 또한 $\angle(SS)C(AE)=93.6n$ $=92.26°$이기에 $\angle fC(AE)=\angle(SS)C(AE)-\angle(SS)Cb-90°=1.823°$ 즉 1;49,24°

이 된다.

이제 이 각들을 이용하고, 이심원 반지름을 1이라 하면 $\overline{Ca} = \sin(1;49,24°) = 0.0318$, $\overline{aG} = \sin(26') = 0.007556$이 된다. 따라서 피타고라스 정리를 이용하면 $\overline{CG} = 0.0327$이다. 이 값의 반은 0.01635이다. 지구 궤도 이심률인 실제값 $e = 0.016711$과 거의 같다.

Π가 근지점이기에 근지점 이각인 $\angle \Pi G(VE)$는 $\angle CGa$와 같다. 따라서 $\sin(\angle CGa) = \dfrac{\overline{Ca}}{\overline{CG}}$이기에 $\angle \Pi G(VE) = 76.64°$가 된다. 이 값은 서기 2000년 지구 궤도의 근일점 경도인 77.13°와 30′정도의 차이가 있다. $\xi = 30' = 0.008727\ rad$정도 차이이기에 가감차는 최대 $2e\xi = 1'$만큼 영향을 준다. 이 값은 관측자의 눈의 분해능의 한계 값과 거의 같다. 따라서 육안 관측으로 구별하기 어렵다.

동지에서 춘분 간격인 88.9일, 춘분에서 하지 간격인 92.8일을 이용하면 26′대신에 27′14″, 1;49,24°대신에 1;55,19°를 얻는다. 따라서 양심차는 0.03446, 근일점 경도는 76.71°를 얻는다. 위에서 계산한 값들과는 차이가 조금 있다.

그래서 이제 거꾸로 계산해서 관측값들이 얼마나 실제 값들과 차이가 있는지 대략 보기로 하자. 만약 $\overline{CG} = 2e = 0.033422$이고, 근일점 경도가 77.13°이면 93.6일 대신 93.6376482일, 89.9일 대신 89.84894465일, 88.9일 대신 88.98344848일, 92.8일 대신 92.77215204일로 계산된다. 따라서 각 절기 사이의 간격을 얼마나 정확하게 측정하느냐에 따라 실제 값과 거의 비슷하게 계산된 값을 얻을 수 있다. 그러나 지구 궤도는 원에 가까운 타원이다. 그렇기에 여기서 제시한 방법으로 도출한 값도 실제 값과 동일할 수는 없다. 그러나 상당히 가까운 값을 얻을 수는 있다.

제5장 타원 궤도를 이용한 태양의 황도 구하기

우리는 (2-9)식들을 그대로 사용할 수 있다. 그러나 (2-9-3)식은 타원 궤도일 때의 가감차 식으로 바꾸어야 한다. 따라서

$$M = M_0 + n\Delta t - \dot{\omega}\Delta t = M_0 + \tilde{n}\Delta t \quad (5\text{-}1\text{-}1)$$

$$\overline{\lambda} = \overline{\lambda}_0 + n\Delta t \quad (5\text{-}1\text{-}2)$$

$$q = 2e\sin M + \frac{5}{4}e^2\sin(2M) \quad \text{(타원궤도일 때)} \quad (5\text{-}1\text{-}3)$$

$$\lambda = \overline{\lambda} + q \quad (5\text{-}1\text{-}4)$$

가 된다. [표 5−1]는 2000년 1월 1일 12:00 UT를 역원으로 하는 궤도 물리량이다.

[표 5-1] 서기 2000년 1월 1일 12:00 UT을 역원(epoch)으로 하는 궤도 물리량

	$a(AU)$	e	n(°/일)	$\tilde{n}$(°/일)	$\overline{\lambda}_0$(°)	M_0(°)
태양	1	0.016711	0.98564735	0.98560025	280.458	357.588

이제 서기 2023년 7월 30일 0:00 UT 때의 태양의 위치를 구해보자. 역원인 해와 역산대상일(태양의 경도를 구하고자 하는 날) 사이의 간격은 Δt =8610.5일이다. 따라서

$$M = \mathrm{mod}(357.588 + 0.98560025 \times 8610.5, 360) = 204.099° \quad (5\text{-}2\text{-}1)$$

$$\overline{\lambda} = \mathrm{mod}(280.458 + 0.98564735 \times 8610.5, 360) = 127.3745° \quad (5\text{-}2\text{-}2)$$

$$q = 2\cdot 0.0016711\cdot \sin(204.099°) + \frac{5}{4}\cdot 0.0016711^2\cdot \sin(2\cdot 204.099°)$$

$$= -0.76599° \qquad (5\text{-}2\text{-}3)$$

$$\lambda = 127.3745 + (-0.76599) = 126.6075° = 126;36,27° \qquad (5\text{-}2\text{-}4)$$

가 된다. 따라서 태양의 황도 좌표 $(\lambda, \beta) = (126;36,27°, 0°)$ 이다. 이를 적도 좌표로 바꾸면 $\epsilon = 23;26°$ 일 때,

$$\alpha = \tan^{-1}(\tan\lambda\cos\epsilon) = 128;59,42.81° = 8^h 35^m 58.85^s \qquad (5\text{-}3\text{-}1)$$

$$\delta = \sin^{-1}(\sin\lambda\sin\epsilon) = 18;36,59.94° \qquad (5\text{-}3\text{-}2)$$

이 된다. 2023년 한국천문연구원 발행『역서』에 기록된 2023년 7월 30일 TT 0tl 기준 황경은 126;37,13.18°인데 계산된 값은 46,1″적다. 적경과 적위는 $8^h 36^m 0.39^s$, 18;37,9.1°인데 이에 비해 계산된 값은 적경은 시간으로는 1.536초, 각도로는 23,04″적고, 적위는 9.155″ 적다.

남중고도 a는 위도가 ϕ인 지역에서 $a = 90° - \phi + \delta$이기에 2023년 7월 30일 12:00 UT에도 계산차가 10″정도라 하자. 관측 오차가 눈의 한계 분해능인 60″를 넘기에 위에 10″ 정도의 차이를 육안 관측으로 검출하기는 어렵다. 참고로 서기 2023년 7월 30일 12:00 UT 때는 $\Delta t = 8611$일이기에

$$(\lambda, \beta) = (127;05,8°, 0°) \qquad (5\text{-}4\text{-}1)$$

$$(\alpha, \delta) = (129;28,59.77°, 18;29,47°) = (8^h 37^m 56^s, 18;29,47°) \qquad (5\text{-}4\text{-}2)$$

를 얻을 수 있다. 따라서 이 때 위도 $\phi = 37;30°$인 지역의 남중고도는 $a = 90° - \phi + \delta \simeq 71°$가 된다. 태양 빛의 굴절각 θ은 태양까지 거리가 d, 지구 반경이 R이면 $\theta = \sin^{-1}\left(\frac{R}{d} cos\, a\right)$이기에 $\theta \simeq \frac{R}{d} cos\, a = 8.8'' \cos 71° = 2.865''$가 된다. 즉 실제 고도는 2.865″만큼 낮게 관측된다. 그러나 이마저도 육안 관측으로

감지 불가능하다. [그림 5-1]은 이날 태양의 위치를 나타내는데 서울의 표준시가 동경 135도를 기준으로하고, 그 날의 균시차 때문에 대략 38분의 차이가 나타난다.

[그림 5-1] 2003년 7월 30일 12:00 UT 경의 태양의 위치

제6장 절기 시각 구하기

전통적으로 우리는 24절기를 사용하였다. 각 절기는 황도 상에서 15°씩 떨어져 있다. 태양의 운행 속도가 빨라졌다 느려졌다 하기에 실제 절기 시간은 일정하지 않다. 여기서는 모든 절기 대신 서기 2000년의 주요 절기인 춘분, 하지, 추분, 동지의 날짜를 구해보도록 한다. (5-1-2)식을 다시 쓰면 $\overline{\lambda} = \overline{\lambda}_0 + n\Delta t$가 된다. 만약 $\lambda \simeq \overline{\lambda}$라 하면

$$\Delta t \simeq \frac{\lambda - \overline{\lambda}_0}{n} \tag{6-1}$$

가 된다. 춘분은 $\lambda = 0°$ 혹은 $360°$이기에 360°를 (6-1)에 대입하고, $\overline{\lambda_0} = 280.458°$이기에 Δt =80.7일을 얻는다. 이를 이용하여 (5-1)식들에 대입하면 $\overline{\lambda} = 0$ 그리고 $\lambda = q = 1.875°$를 얻는다. 그런데 춘분은 $\lambda = 0°$이기에 태양이 1.875°만큼 가기 전의 시각이다. 따라서 $\frac{1.875°}{n}$만큼 80.7일에서 빼주어야 한다. 그러면 78.797일을 얻는다. 이 값을 다시 (5-1)식들에 대입하고 $\lambda = 0°$ 혹은 $\lambda = 360°$로 수렴할 때까지 계산하면 78.81135419일을 얻는다. $t = t_0 + \Delta t$이기에 춘분날은 2000년 3월 20일 7:28 UT가 된다. 같은 방법으로 하지 때는 $\Delta t = 171.5726$일 되어 2000년 6월 21일 1:44 UT이고, 추분날은 $\Delta t = 265.2208$일을 얻어 2000년 9월 22일 17:17 UT가 된다. 동짓날은 $\Delta t = 355.0598$일이 되어 2000년 12월 21일 13:26 UT가 된다.

이 계산 값을 이용하여 춘분에서 하지까지는 92.76일, 하지에서 추분은 93.65일, 추분에서 동지까지는 89.84일, 동지에서 춘분까지는 88.99일이 된다. 모두 더하면

365.24일이 된다. 이 계산은 타원궤도를 이용해서 구한 값이기에 앞의 4장에서 구한 값과는 미세하게 차이가 있다.

절기 시각을 구할 때에 위와 같은 방법으로 구하는 방법을 '정기법'이라 한다. 그러나 '평기법'도 있다. 이는 365.25일을 24절기로 나누면 한 절기의 기간은 15.21875일마다 오게 된다. 이렇게 절기를 정하는 방법을 '평기법'이라 한다. 중국과 조선의 전통 역법에서는 주로 '평기법'을 사용하였다. 즉 '수시력'과 '칠정산내편'에서는 '평기법'을 사용하였다. 시헌력에서는 '정기법'을 사용하고, 오늘날의 역법에서도 '정기법'을 사용한다.

2023년의 경우에는 2000년 1월 1일 12:00 UT부터 2023년 1월 1일 12:00 UT까지 8401일이 지났기에 $\overline{\lambda}_0 = \overline{\lambda}_{2000}$ 대신 $\overline{\lambda}_{2023} = \mathrm{mod}\left(\overline{\lambda}_{2000} + n \times 8401, 360\right) = 280.8814°$를, $M_0 = M_{2000}$ 대신 $M_{2023} = \mathrm{mod}(M_{2000} - \dot{\omega} \times 8401, 360) = 357.6157°$를 사용하여 위 계산을 하면 2023년에는 $\Delta t = 78.385$일이 계산되고, 2023년 3월 20일 21:14.384 UT가 계산된다. 2023년 한국천문연구원 발행 『역서』에 기록된 춘분날을 보간법으로 계산하면 대략 2023년 3월 20일 21:13.489 UT로 계산되는데 우리의 계산과 1분 미만 정도로 거의 비슷하다.

보충자료 6-1 정기법으로 절기 일시 구하기(해석학적인 방법)

각 절기의 평기 간격은 365.2421875일을 24로 나눈 일수인 15.21842448일이다. 각 평기의 일시는 앞의 절기일에 평기 간격을 더하여 구한다. 즉 각 절기일에서 앞의 절기일을 빼면 항상 15.21842448일이다. 그러나 실제 절기 사이의 간격은 이와는 다르다. 왜냐하면 태양의 실제운행과 평균운행 간의 차이인 균수(가감차 q) 때문이다. 시헌력의 역법인 《숭정역서》, 《역상고성》, 《역상고성후편》에서는 다음과 같이 절기 시각을 구하였다.

시헌력을 사용한 시기에는 동지가 근지점보다 뒤에 있다. 따라서 대상 연도의 동지와 근지점 사이의 각도를 v_o라 하면 동지의 진근점이각은

$$T_{동지} = -v_o \tag{1}$$

가 된다. 그리고 소한부터 다음 동지까지 1부터 24로 번호를 부여하면 소한부터 각 절기의 진근점이각은 황도에서 절기 간격이 15°이기에

$$T_k = -v_o + 15k,\quad k = 1(\text{소한}), 2(\text{대한}), 3(\text{입춘}),\ \cdots\ 23(\text{대설}), 24(\text{동지}) \tag{2}$$

가 된다. 각 절기 때마다 근지점의 이동으로 인하여 진근점이각이 줄어들기는 하지만 1년 동안에 1분 정도이고 이는 가감차를 계산하는데 영향이 미세하기에 여기서는 무시하기로 한다. (1)식은 $T_{\text{동지}} = -v_0 = T_0$이다. 그런데 각 절기의 평균 근점 이각 M_k과 T_k 사이에 가감차 $q(M_k)$[12]가 있기에

$$T_k = M_k + q(M_k) = M_k + \tan^{-1}\left(\frac{2e\sin M_k}{1 - e\cos M_k}\right) \tag{3}$$

인 관계가 있다. 어림식으로는 $e \ll 1$이기에

$$T_k \simeq M_k + 2e\sin M_k + e^2\sin(2M_k) \tag{4-1}$$

이다. 만약 타워궤도를 이용하면 (4-1)식 대신에

$$T_k \simeq M_k + 2e\sin M_k + \frac{5}{4}e^2\sin(2M_k) \tag{4-2}$$

식을 사용한다.

(2)식에서 T_k을 알기에 (1)과 (3)식 혹은 (4-1, 2)식을 이용하여 뉴턴 방법으로 M_k을 구한다.[13] M_k은 정절기의 진근점이각 T_k에 해당하는 평균근점이각이다.

---

12) 여기서는 '균륜모델'에서 유도된 가감차를 사용하였다. 타원모델과는 $\frac{1}{4}e^2\sin(2M)$ 정도의 차이가 있다.

13) T_k의 값을 알고 M_k을 구하는 것이기에 쉽지 않다. 뉴턴 방법을 이용하는데, $y = f(x)$라 하면 $x = x_k$에서 이 곡선에 접하는 방정식은 $y = f'(x_k)(x - x_k) + f(x_k)$이다. 이때 $y = 0$이 되는 x의 값이 $x = x_{k+1} = x_k - \frac{f(x_k)}{f'(x_k)}$이 된다. x_{k+1}에서 원래의 곡선에 접하는 방정

평균 태양은 하루 동안 일정한 각인 $n = 360°/365.2421875$일을 진행하기에 정절기 사이의 시간 간격은

$$\frac{M_k - M_{k-1}}{n}, \ n = 1(\text{동지 소한사이}),\ 2(\text{소한 대한사이}),\ \cdots,\ 24(\text{대설 동지 사이}) \tag{5}$$

가 된다. 또한 동지부터 어떤 절기 사이의 시간 간격은

$$\frac{M_k - M_0}{n}, \ n = 1(\text{동지 소한사이}),\ 2(\text{동지 대한사이}),\ \cdots,\ 24(\text{동지 동지 사이}) \tag{6}$$

이 된다. 《숭정역서》의 시헌력을 사용할 때인 1684년에는 동지에서 근지점까지의 각거리가 7도10분11초10미이었다. 이 값을 이용하여 계산하면 [표 6－1]과 같다. 표에서 '평절기 간격'은 '365.2421875도÷24'로 구한 일정한 값이고, '정절기 간격'은 (4-1)식을 이용하여 M_k을 구한 후에 (5)식을 이용하여 시간으로 환산한 것이다.

식을 다시 구하고 $y = 0$이 되는 x값을 계속 구해 나가면 어느 한 값에 수렴하게 되는데, 그 값이 $f(x) = 0$이 되는 x값이 된다. 여기서는 $f(M_k) = M_k + 2e\sin M_k + e^2\sin(2M_k) - T_k$으로 놓는다. 이때 수렴하는 값이 $f(M_k) = 0$이 되는 M_k값이다.

[표 6-1] 절기의 평기일률, 정기일률, 평절기와 정절기 사이 차이(일), 절기 사이 간격(일)

전 절기와 절기 사이	평절기 간격	정절기 간격	차이(일)	차이(시간)	평절기 일률	정절기 일률
소한(小寒)	15.2184245	14.6841946	0.5342299	12.8215176	15.2184245	14.6841946
대한(大寒)	15.2184245	14.7021924	0.5162321	12.3895704	30.4368490	29.3863870
입춘(立春)	15.2184244	14.7537135	0.4647109	11.1530616	45.6552734	44.1401005
우수(雨水)	15.2184245	14.8359532	0.3824713	9.1793112	60.8736979	58.9760537
경칩(驚蟄)	15.2184245	14.9442709	0.2741536	6.5796864	76.0921224	73.9203246
춘분(春分)	15.2184245	15.0722520	0.1461725	3.5081400	91.3105469	88.9925766
청명(淸明)	15.2184245	15.2118821	0.0065424	0.1570176	106.5289714	104.2044587
곡우(穀雨)	15.2184244	15.3538990	-0.135475	-3.2513904	121.7473958	119.5583577
입하(立夏)	15.2184245	15.4883504	-0.269926	-6.4782216	136.9658203	135.0467081
소만(小滿)	15.2184245	15.6053490	-0.386925	-9.2861880	152.1842448	150.6520571
망종(芒種)	15.2184245	15.6959475	-0.477523	-11.460552	167.4026693	166.3480046
하지(夏至)	15.2184245	15.7530132	-0.534589	-12.830129	182.6210938	182.1010178
소서(小暑)	15.2184244	15.7719688	-0.553544	-13.285066	197.8395182	197.8729866
대서(大暑)	15.2184245	15.7512795	-0.532855	-12.788520	213.0579427	213.6242661
입추(立秋)	15.2184245	15.6926200	-0.474196	-11.380692	228.2763672	229.3168861
처서(處暑)	15.2184245	15.6006928	-0.382268	-9.1744392	243.4947917	244.9175789
백로(白露)	15.2184244	15.4827274	-0.264303	-6.3432720	258.7132161	260.4003063
추분(秋分)	15.2184245	15.3477312	-0.129307	-3.1033608	273.9316406	275.7480375
한로(寒露)	15.2184245	15.2056125	0.0128120	0.3074880	289.1500651	290.9536500
상강(霜降)	15.2184245	15.0663079	0.1521166	3.6507984	304.3684896	306.0199579
입동(立冬)	15.2184245	14.9390347	0.2793898	6.7053552	319.5869141	320.9589926
소설(小雪)	15.2184244	14.8317428	0.3866816	9.2803584	334.8053385	335.7907354
대설(大雪)	15.2184245	14.7507713	0.4676532	11.2236768	350.023763	350.5415067
동지(冬至)	15.2184245	14.7006808	0.5177437	12.4258488	365.2421875	365.2421875

제7장 균시차

태양은 황도를 따라 운행한다. 그러나 우리가 쓰는 시각은 적도를 따라 일정한 간격으로 진행하는 '평균태양'에 의한 시각을 사용한다. 이를 '평균태양시'라 한다. 서기 2000년에는 $M_0 = \lambda_0 + 77.13°$ 이다. 그리고 태양의 황도 λ에 대한 적경 α는

$$\alpha = \tan^{-1}(\tan\lambda \cos\epsilon) \tag{7-1}$$

이다. 그런데 평균태양은 적도를 따라 $\overline{\alpha}$로 진행한다. 따라서 그 값은 $\overline{\alpha} = \overline{\lambda}$이다. 실제 태양과 평균태양과의 경도차에 따른 시간차를 '균시차'라 부른다. 균시차는 $\Delta\alpha = \overline{\alpha} - \alpha$이기에 $\Delta\alpha = \overline{\lambda} - \alpha$와 같다. 그리고 $\lambda = \overline{\lambda} + q$이기에

$$\begin{aligned}\Delta\alpha &= \overline{\alpha} - \alpha = \overline{\lambda} - \alpha = (\lambda - q) - \tan^{-1}(\tan\lambda\cos\epsilon) \\ &= \{\lambda - \tan^{-1}(\tan\lambda\cos\epsilon)\} - q\end{aligned} \tag{7-2}$$

가 된다. 여기서 q는 타원 궤도이면

$$q = 2e\sin M + \frac{5}{4}e^2\sin(2M) \tag{7-3}$$

이다. (7-2)식의 우변에 $\lambda - \tan^{-1}(\tan\lambda\cos\epsilon)$를 '승도시차', $-q$를 '균수시차'라 부른다.

1년 동안 근일점 이동은 1′ 정도이기에 무시한다. 그리고 $M - M_0 = \overline{\lambda} - \overline{\lambda}_0$이기에 $M = \overline{\lambda} + 77.13° = \lambda + 77.13° - q$인데 뉴턴 방법으로 q를 구할 수 있으나 $M \simeq \lambda + 77.13°$을 이용해 q를 구해도 그 값의 차이가 작다. 따라서 (7-3)식에서 균수 q를 구할 때

$$M \simeq \lambda + 77.13° \qquad (7\text{-}4)$$

를 사용한다.

$\Delta\alpha$ 각도를 시간 단위인 '분'으로 바꾸려면 4를 곱하면 된다. 왜냐하면 태양은 지구의 자전에 의하여 1시간에 15도를 운행하기에 1도를 운행하려면 4분이 걸린다. 즉 $\Delta\alpha^m = 4 \cdot \Delta\alpha°$가 된다. [그림 7－1]은 서기 2000년과 서기 2500년 균시차를 보여 준다. 500년 동안의 차이는 근일점 이동 때문에 발생한 것이다. 서기 2500년에는 근일점 경도가 68.5285°이다.

(7－4)대신에 우리는 서기 2000년 1월 1일 12:00 UT부터 각 날마다 Δt를 구할 수 있다. 그리고 Δt에 따른 M, $\overline{\lambda}$, q를 계산하여 λ를 구할 수 있다. λ를 이용하여 α를 구하고, (7-2)식을 이용하여 $\Delta\alpha$를 구한다. 이렇게 구한 서기 2000년과 서기 2500년 균시차를 각각 ◦, •으로 표시하였다. 앞에서 구한 균시차 곡선들과 조금 차이가 있다. 이는 (7-4)식에서 M을 어림값으로 사용했기 때문이다. 추분에서 동지까지 균시차는 ＋값이고, 동지에서 춘분까지는 －값을 보인다. 그리고 500년간 보이는 균시차 곡선은 그리 크게 변하지 않았다.

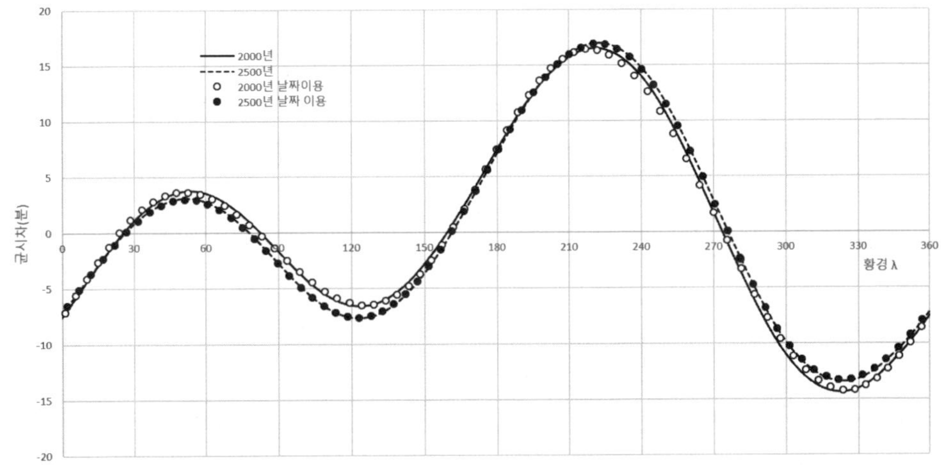

[그림 7-1] 균시차

제8장 대기 굴절

지구에서 태양을 관측할 때 지표면에 위치한 관측자가 지구 중심으로부터 6378 km 정도 떨어져 있고, 태양까지의 거리가 149,600,000km 정도 떨어져 있기에 태양이 지평선에 위치할 때 지구 중심에서 태양 방향과 지평면에서의 태양 방향의 차이인 지평시차는 대략 8.8″초가 된다. 그러나 태양의 반경이 대략 32′이기에 태양 육안 관측의 경우, 지평시차를 무시해도 좋다. 그러나 지구 대기에 의한 굴절은 무시할 수 없다. 천체가 지평선 상에 관측되더라도 실제 이 천체는 지평선 아래 34.5′정도 밑에 있다. 그러나 천체의 고도가 증가하기 시작하면 대기 굴절각은 갑자기 줄어든다. 태양도 천체이기에 태양 빛도 대기 굴절에 의하여 휘어져 관측자에게 들어온다.

대기 굴절각의 크기를 천체의 관측 고도에 따라 처음으로 그리고 이론적으로 밝힌 학자는 카시니(Jean-Dominique Cassini, 1625-1712)이다.[14] 그의 계산에 의하여 구해진 대기 굴절 값([보충그림 8－3] 참조)은 [그림 8－1]에서 보여주는 그래프와 같이 현재 사용되고 있는 값과 거의 비슷하다. 만약 어떤 고도 a에서 굴절각이 ξ라고 하면 실제 관측 고도는

$$a_{\text{실제 관측고도}} = a - \xi \tag{8-1}$$

가 된다.

대기 굴절각은 고도가 3도 정도까지 매우 심하게 변하기에 태양의 겉모습이 대기 굴절 때문에 [그림 8－2]와 같이 마치 타원모습으로 관측된다. [그림 8－3]은

14) 강민정, 김슬기, 서원모, 이면우, 최승언, 시헌력의 완성, 역상고성후편에 기록된 태양의 운동, 2023, 교육과학사 참조

실제 태양의 모습이 점선과 같이 지표 밑에 10′정도 아래에 위치할 때에 실선으로 그려진 태양 모습이 눈에 보이도록 계산된다. 정확하게 타원은 아니지만 타원모습으로 보인다. 이는 태양의 각지경이 32′정도인데 지평선 근처에서는 고도가 작게 변하더라도 대기굴절각이 크게 변하기 때문이다.

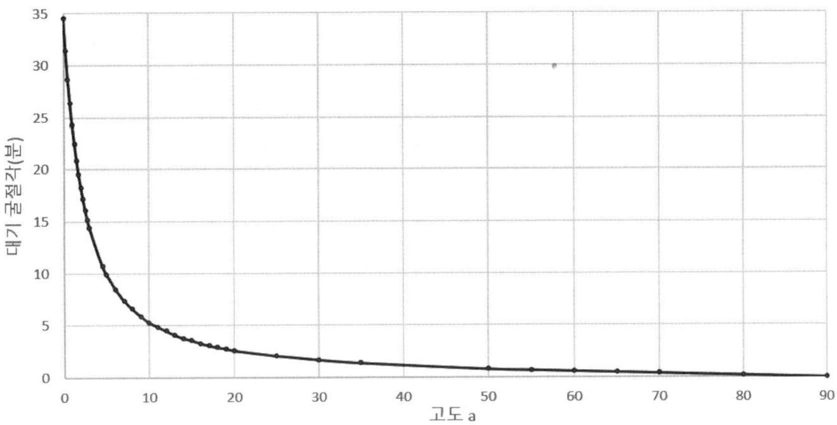

[그림 8-1] 천체 고도에 따른 대기 굴절각

[그림 8-2] 지평선 근처 태양 모습

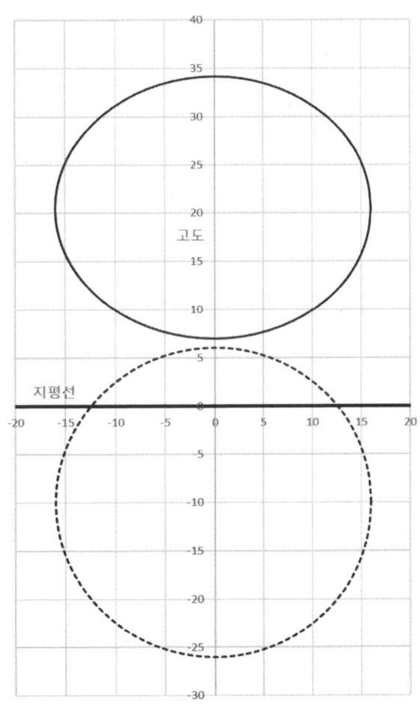

[그림 8-3] 태양의 관측 모습

보충자료 8-1 《역상고성후편》에 다루는 대기굴절각[15)]

《역상고성후편》은 1742년에 편찬된 중국 청나라의 천문역법책으로 그 당시로는 최신의 자료를 담고 있으며 대기굴절각을 '청몽기차각'이라는 이름으로 다루고 있다.

청몽기차는 빛이 대기에 의하여 굴절하는 현상을 나타내는 것으로, 대기의 두께와 온도 및 압력 등에 의하여 영향을 받기는 하나 그 차가 그리 크지 않기에 《역상고성후편》에서는 이 굴절률을 상수로 다루고 있다. 여기서 청몽기 즉 대기의 두께를 6,095/10,000,000로 본 것은 청몽기에 영향을 주는 대기의 두께를 지구 반경(대략 6,400km)에 대하여 대략 3.9km 정도로 본 것이다. 그리고 고도가 0인 지평선에서 관측한, 청몽기차각 32분19초를 이용하여 대기의 굴절률을 1.0002841로 보았다. 따라서 [보충그림 8-1]과 같이 빛이 들어오는 대기층의 법선(여기서는 할선)에 대하여 입사각(θ_{in})과 굴절각(θ_{re})사이에 다음과 같이 스넬의 법칙(Snell's law)이 성립한다.

$$\sin\theta_{in} = 1.0002841 \times \sin\theta_{re} \tag{1}$$

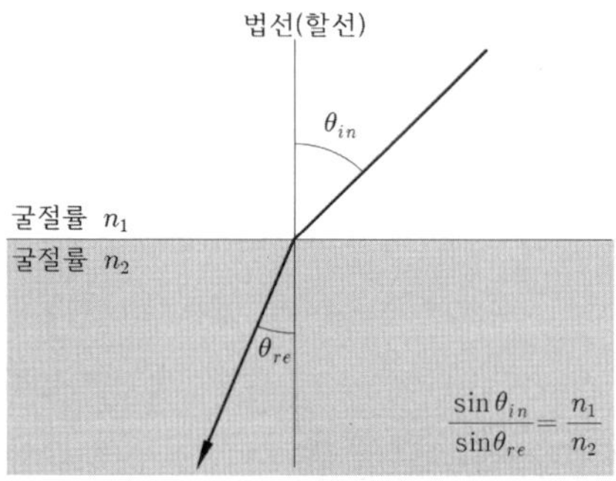

[보충그림 8-1] 스넬의 법칙

[보충그림 8-2]와 같이 지구 대기를 통해 들어오는 천체의 고도가 A라 하면, $\triangle EOP$에서 $\frac{\sin(90° + A)}{10,006,095} = \frac{\sin\theta_{re}}{10,000,000}$이 성립하기에

$$\sin\theta_{re} = \frac{1}{1.0006095}\cos A \tag{2}$$

15) 강민정, 김슬기, 서원모, 이면우, 최승언, 시헌력의 완성 역상고성후편에 기술된 태양의 운동, 2023, 교육과학사 79~84쪽의 내용을 가져옴.

이 되고, (1)식에 의하여

$$\sin\theta_{in} = \frac{1.0002841}{1.0006095}\cos A \tag{3}$$

가 된다. 청몽기차각(대기굴절각)은

$$R = \theta_{in} - \theta_{re} \approx (n-1)\tan(90-A) \tag{4}$$

가 된다. 여기서의 어림은 대기의 두께를 고려하지 않은 어림이다.[16] 이렇게 계산한 결과가 [보충그림 8-3]에 점신으로 그려진 그래프이다.

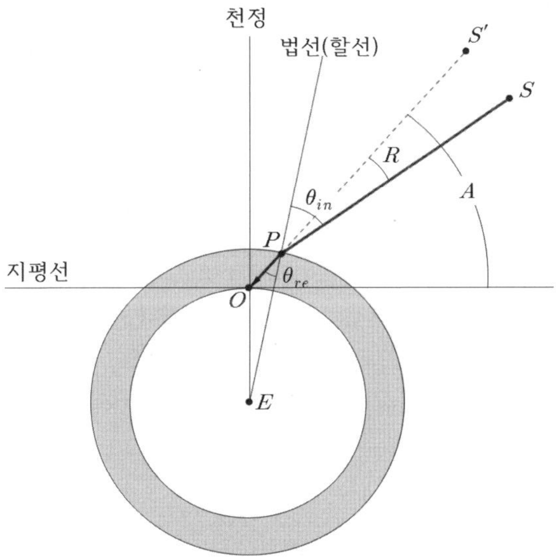

[보충그림 8-2] 대기 굴절

16) $\sin\theta_{in} = \sin(\theta_{re}+R) = \sin\theta_{re}\cos R + \cos\theta_{re}\sin R \simeq \sin\theta_{re} + R\cos\theta_{re}$ (여기서 $R \ll 1$)이 된다. $\sin\theta_{re} = \frac{1}{1.0006095}\cos A$, $\sin\theta_{in} = \frac{1.0002841}{1.0006095}\cos A$을 위 식에 대입하면 $\frac{1.0002841}{1.0006095}\cos A = \frac{1}{1.0006095}\cos A + R\sqrt{1-\left(\frac{1}{1.0006095}\cos A\right)^2}$ 이 된다. 따라서 $\frac{0.0002841}{1.0006095}\cos A = R\sqrt{1-\left(\frac{1}{1.0006095}\cos A\right)^2}$ 이 되고, $R = \frac{0.0002841\times\cos A}{\sqrt{1.0006095^2-\cos^2 A}}$ $\simeq 0.0002841\times\frac{\cos A}{\sin A}$ (여기서 $1.0006095^2 \simeq 1$)이다. $n = 1.0002841$이기에 $R \simeq (n-1)\cot A$가 된다.

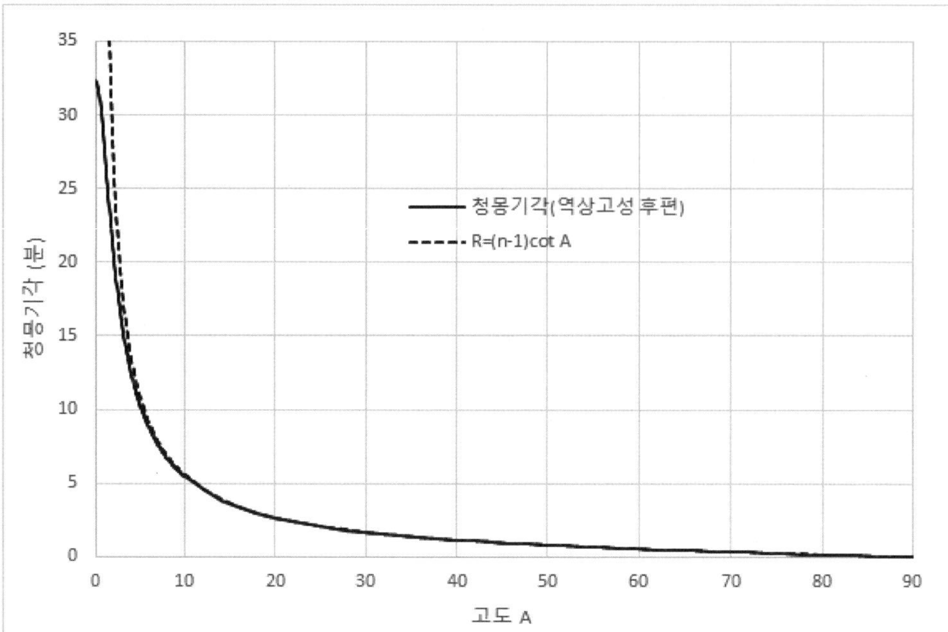

[보충그림 8-3] 대기 굴절 계산값과 《역상고성후편》의 청몽기각

관측에 의하여 고도가 0도일 때 32분19초를 얻었다. [보충그림 8−4]를 다시 보자. 지평시차를 무시할 수 있는 천체가 '정'의 위치에 있을 때, '을'에서 보면 '기'에 있는 것처럼 보이므로 고도 A는 0도이다. 그리고 청몽기(대기) 두께를 h라 하자. △을무갑에서

$$\sin(\angle \text{갑무을}) = \sin\theta_{re} = \frac{1}{1+h} \tag{5}$$

가 된다.

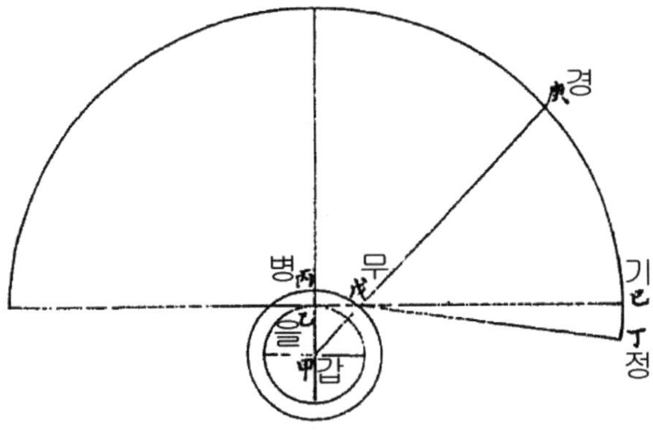

[보충그림 8-4] 고도가 0도일 때

청몽기차각 $R = \angle$기무정 $= 32$분19초이고 굴절률이 n이면 (1)식인 $\sin\theta_{in} = n\sin\theta_{re}$과 $\theta_{in} = \theta_{re} + R$이기에

$$\sin(\theta_{re} + R) = n\sin\theta_{re} \tag{6}$$

이 된다. 이제 (6)식은 $\sin\theta_{re}\cos R + \cos\theta_{re}\sin R = n\sin\theta_{re}$이기에

$$n = \cos R + \sin R\cot\theta_{re} = \cos R + \sqrt{h^2 + 2h}\,\sin R \tag{7}$$

이 된다. $1 + h = 1.0006095$일 때, $\theta_{re} = 88°$가 되고, $n = 1.000284073$을 얻는다. 굴절률 n은 청몽기의 두께 h와 고도 0도일 때의 청몽기차각 R에 따라 결정되고 이 값은 항상 일정하다.

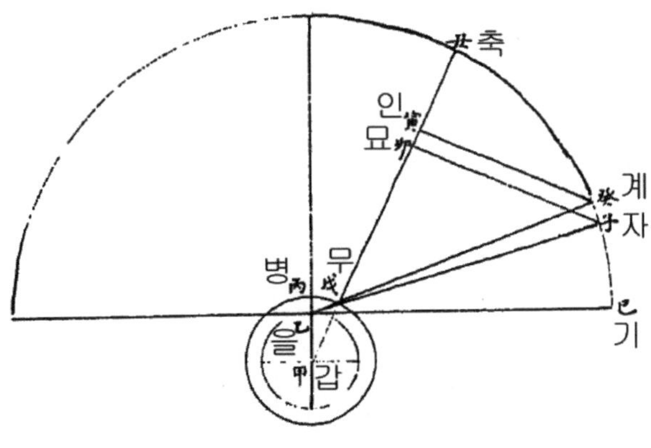

[보충그림 8-5] 고도를 가질 때

이제 [보충그림 8−5]의 △을무갑에서 ∠무을갑 $= 90° + A$이기에

$$\sin\theta'_{re} = \frac{\sin(90° + A)}{1+h} = \frac{\cos A}{1+h} \tag{8}$$

가 된다. 그런데

$$\sin(\theta'_{re} + R') = n\sin\theta'_{re} \tag{9}$$

이기에 (9)식을 다시 쓰면

$$R' = \sin^{-1}\left(\frac{n\cos A}{1+h}\right) - \sin^{-1}\left(\frac{\cos A}{1+h}\right) \tag{10}$$

가 된다. h와 n은 항상 일정하기에 (10)식을 이용하면 고도 A에 따른 청몽기차각 R'를 구할 수 있다. 이렇게 구한 값을 [보충그림 8−3]에 실선 그래프로 그렸다.

제9장 지평시차

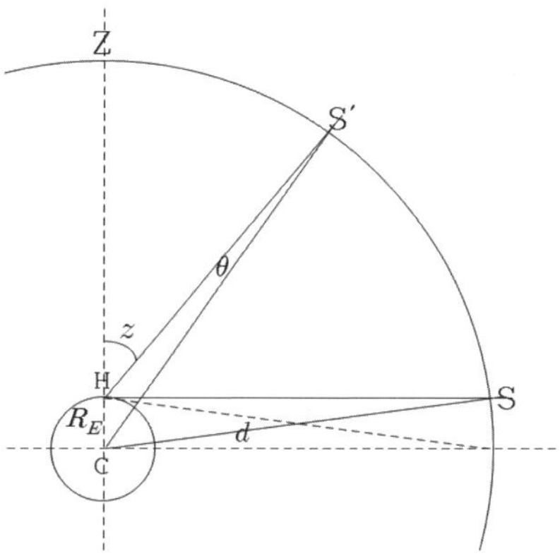

[그림 9-1] 지평시차

우리가 천체를 관측할 때에 지구 중심에서 관측하는 것이 아니리 지표면에 관측하기 때문에 천체를 관측할 때에 고도에 따라 실제 고도와 관측 고도 사이에 차이가 발생한다. 이를 '지평시차'라고 한다. [그림 9－1]에서 관측자는 지표면 H에 있다. 따라서 S′천체를 관측하면 천정거리가 z이다. 관측고도 a는 $a = 90° - z$가 된다. 그런데 실제 천정거리는 $\angle$ZCS′되는데 이 각은 $z-\theta$가 된다. $\triangle$ZCS′에서 $\overline{CS'} = d$, 지구반경이 R_E이면 사인공식을 이용하여 $\frac{\sin\theta}{R_E} = \frac{\sin(180° - z)}{d}$이기에

$$\sin\theta = \frac{R_E}{d}\sin z \tag{9-1}$$

이 된다. 또한

$$\sin\theta = \frac{R_E}{d}\cos a \tag{9-2}$$

가 된다. 여기서 a는 (8-1)에서의 실제 관측 고도 $a_{실제관측고도}$와 같다. 따라서 실제 고도는

$$a_{실제고도} = a_{실제관측고도} + \theta = a_{관측고도} - \xi + \theta \tag{9-3}$$

가 된다. 지구 중심에서 태양을 관측하는 실제고도는 앞에서 이론적으로 계산하여 황경을 얻고, 황경으로부터 적경과 적위를 계산하고, 이를 이용하여 어떤 날 어떤 시각에 구한 계산된 고도와 같다고 여긴다.

태양의 경우 $d \simeq 1.5 \times 10^8\,\mathrm{km}$, $R_E \simeq 6400\,\mathrm{km}$ 라고 하면 $\frac{R_E}{d} \ll 1$ 이다. 따라서 (9-2)를

$$\theta \cong \frac{R_E}{d}\cos a = 8.8^\circ \cos a \tag{9-3}$$

이라 해도 무방하다.

달의 경우에는 $d \simeq 3.8 \times 10^5\,\mathrm{km}$ 이기에 태양보다 많이 지구에 가깝기 때문에 (9-2)식을 사용한다. 최대 지편시차는 거의 $58'$에 이른다. 따라서 달의 각지름이 대략 $30'$정도인데 지평시차가 이 값보다 클 때가 많아 일식 때에는 자구 상에서 어디서 관측하느냐에 따라 달리 관측된다. [그림 9-2]는 태양과 달의 관측고도에 따른 지평시차의 분포를 보여준다. 그러나 별들은 거리가 너무 멀기에 이러한 지평시차는 0이다.

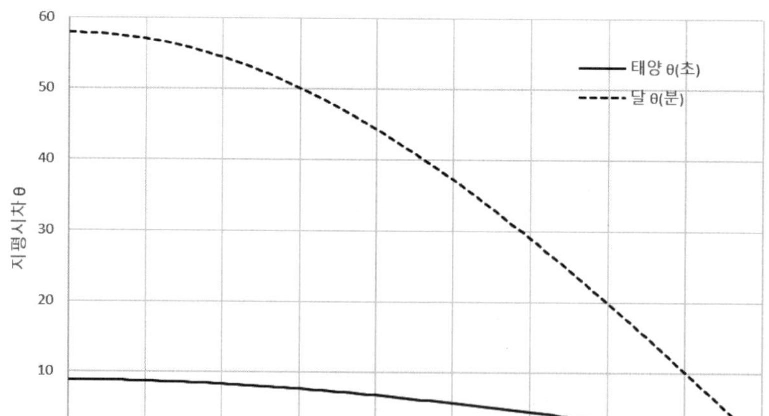

[그림 9-2] 태양과 달의 지평시차

보충자료 9-1 《역상고성후편》〈일전수리〉에서 제시한 태양의 지반경차 계산[17)]

《역상고성후편》에서는 지평시차를 '지반경차'라는 이름으로 다루고 있다. 태양까지의 거리가 확실하지 않았던 때 태양의 최대지반경차는 3′에 달하였지만 카시니의 화성 시차 관측으로 인하여 태양까지의 거리가 최초로 알려져 지반경차는 10″정도로 줄어들었다.

1. 화성의 지반경차를 구한 카시니의 방법

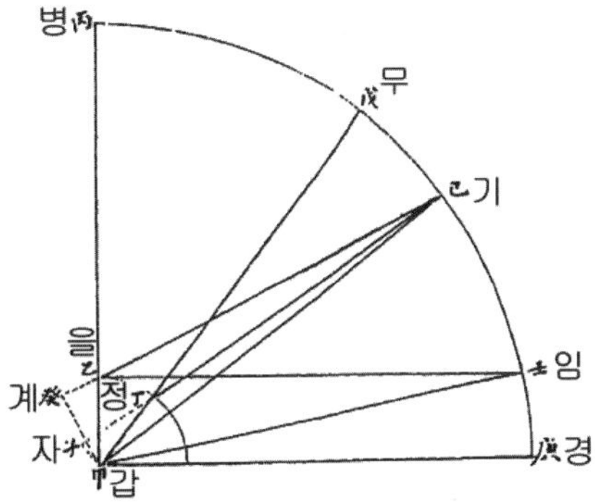

[보충그림 9-1] 화성의 지반경차 1

[보충그림 9−1]에서 '을'에서 관측한 '기'(화성)의 천정거리를 $\angle$병을기 $= z_1$, 그때의 지반경차는 $\angle$을기갑 $= \theta_1$, 본천의 반경=1이라 하자. 최대 지반경차를 $\angle$을임갑 $= \theta_{max}$이라 하자. $\triangle$계기갑에서 $\overline{\text{을갑}} \sin z_1 = \overline{\text{계갑}}$이고, $\overline{\text{을갑}} = \sin\theta_{max}$, $\overline{\text{계갑}} = \sin\theta_1$이기에

$$\sin\theta_{max}\sin z_1 = \sin\theta_1 \qquad (1)$$

이 성립한다. 같은 방법으로 '정'에서 관측한 '기'의 천정거리를 $\angle$무정기 $= z_2$, 그때의 지반경차는 $\angle$정기갑 $= \theta_2$라 하자. 그러면 $\triangle$자기갑에서 $\overline{\text{정갑}} \sin z_2 = \overline{\text{자갑}}$이고, $\overline{\text{정갑}} = \overline{\text{을갑}} = \sin\theta_{max}$, $\overline{\text{자갑}} = \sin\theta_2$이기에

$$\sin\theta_{max}\sin z_2 = \sin\theta_2 \qquad (2)$$

가 성립한다. 그런데 우리는 두 곳의 지반경차 θ_1과 θ_2의 값은 모른다. 단지 두 곳에서 관측한 항성과 화성 사이의 거리에 의하여 그 차이 $\Delta\theta = \theta_1 - \theta_2$를 알 뿐이다. 이제 (1)식에서 (2)식을 빼면

$$\sin\theta_{max}(\sin z_1 - \sin z_2) = \sin\theta_1 - \sin\theta_2 \qquad (3)$$

17) 강민정, 김슬기, 서원모, 이면우, 최승언, 시헌력의 완성 역상고성후편에 기술된 태양의 운동, 2023, 교육과학사 113~117쪽의 내용을 가져 옴.

이 된다. (3)식을 정리하면

$$\sin\theta_{\max} = \frac{\sin\theta_1 - \sin\theta_2}{\sin z_1 - \sin z_2} \tag{4}$$

가 된다. 그런데 $\theta_1 \ll 1$, $\theta_2 \ll 1$, $\theta_{\max} \ll 1$이기에

$$\sin\theta_{\max} \simeq \frac{\theta_1 - \theta_2}{\sin z_1 - \sin z_2} = \frac{\Delta\theta}{\sin z_1 - \sin z_2} \tag{5}$$

혹은

$$\theta_{\max} \simeq \frac{\Delta\theta}{\sin z_1 - \sin z_2} \tag{6}$$

의 식으로 화성을 관측하여 화성의 최대 지반경차를 구할 수 있다.

2. 태양의 지반경차를 구한 카시니의 방법

이제 [보충그림 9−2]에서 화성이 '임'에 있고, 태양이 '축'에 있다고 하자. 태양의 최대 지반경차를 $\angle$을축갑$=\theta_{\odot}$이라 하자. 앞에서 구한 화성의 최대 지반경차를 $\angle$을임갑$=\theta_{\max}=\theta_{화}$라하면, $\overline{임갑}\sin\theta_{화} = \overline{축갑}\sin\theta_{\odot}$가 된다. 이제

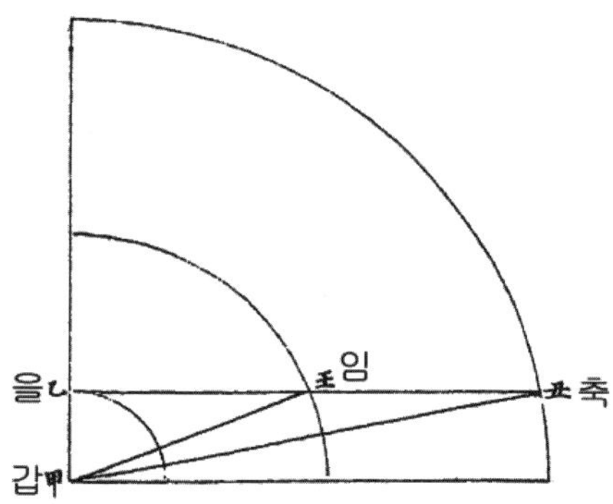

[보충그림 9-2] 최대 지반 경차

$$\sin\theta_{\odot} = \frac{\overline{임갑}}{\overline{축갑}}\sin\theta_{화} \tag{7}$$

이기에 $\dfrac{\overline{임갑}}{\overline{축갑}} = \dfrac{1}{k}$의 값을 알면 태양의 지반경차를 구할 수 있다. 그런데 $\theta_{\odot} \ll 1$, $\theta_{화} \ll 1$이기에

$$\theta_{\odot} \simeq \frac{\theta_{화}}{k} \tag{8}$$

식으로 구해도 된다.

3. 《역상고성》 상편 〈일전역리〉의 방법으로 화성까지 거리 및 지반경차 구하기

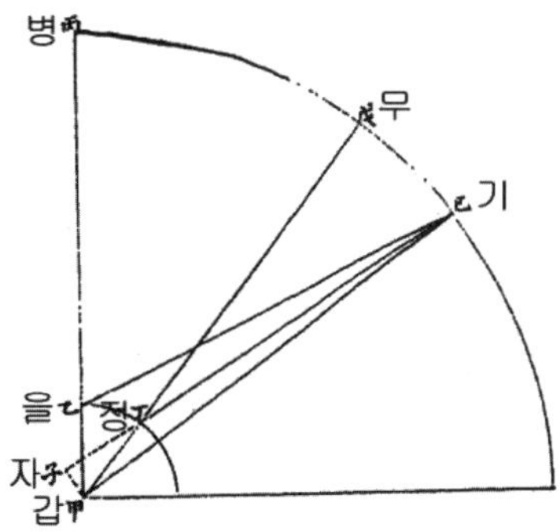

[보충그림 9-3] 화성의 지반경차 2

[보충그림 9−3]에서 '을', '정'에서 관측한 항성의 천정거리 차는 $\Delta z_* = \overset{\frown}{\text{무병}} = \angle \text{병갑무}$가 된다. 《역상고성》 상편 〈일전역리〉에서 태양의 지반경차를 구할 때는 두 관측지의 위도차로 $\angle$병갑무를 정하였다(같은 경도 상에 위치해 있다고 가정). 이제 $\triangle$을갑정에서 $\overline{\text{을정}} = 2\sin(\Delta z_*/2)$이다. 그리고

$$\angle \text{갑을정} = \angle \text{갑정을} = 90° - \frac{\Delta z_*}{2} \text{가 된다.}$$

또한 $\triangle$기을정에서

$$\angle \text{기을정} = 180 - z_1 - (90 - \Delta z_*/2) = 90 - z_1 + \Delta z_*/2 \text{ 이고}$$
$$\angle \text{기정을} = 180 + z_2 - (90 - \Delta z_*/2) = 90 + z_2 + \Delta z_*/2 \text{ 이다.}$$

따라서 $\angle \text{을기정} = z_1 - z_2 - \Delta z_*$이 된다. 따라서 sin공식을 이용하면,

$$\overline{\text{기정}} = \overline{\text{을정}} \frac{\sin(90 - z_1 + \Delta z_*/2)}{\sin(z_1 - z_2 - \Delta z_*)} = 2\sin(\Delta z_*/2) \frac{\cos(z_1 - \Delta z_*/2)}{\sin(z_1 - z_2 - \Delta z_*)} \text{이 된다.}$$

이제 $\angle \text{자정갑} = z_2$이기에, $\overline{\text{정갑}}$ =지구의 반경=1이라 하면, $\overline{\text{갑자}} = \sin z_2$, $\overline{\text{정자}} = \cos z_2$가 된다. 그리고 $\overline{\text{기자}} = \overline{\text{기정}} + \overline{\text{정자}}$이기에 직각삼각형 '기자갑'에서 지구 중심에서 화성까지의 거리는 $\overline{\text{기갑}} = \sqrt{\overline{\text{기자}}^2 + \overline{\text{갑자}}^2}$으로 구할 수 있다. 위의 식들을 다 대입하면 화성까지의 거리는

$$\overline{\text{기갑}} = \sqrt{\left(\cos z_2 + \frac{2\sin(\Delta z_*/2)\cos(z_1 - \Delta z_*/2)}{\sin(z_1 - z_2 - \Delta z_*)}\right)^2 + \sin^2 z_2} \qquad (9)$$

가 된다.

화성의 최대지반경차는 $\sin\theta_{\text{화}} = \dfrac{1}{\overline{\text{기갑}}}$이고, $\theta_{\text{화}} \ll 1$이기에

$$\theta_{화} \simeq \frac{1}{\sqrt{\left(\cos z_2 + \frac{2\sin(\Delta z_*/2)\cos(z_1 - \Delta z_*/2)}{\sin(z_1 - z_2 - \Delta z_*)}\right)^2 + \sin^2 z_2}} \tag{10}$$

이 된다. 여기까지가 《역상고성》 상편 〈일전역리〉의 계산 방법이다. 이어서 《역상고성후편》 〈일전수리〉의 방법으로 지구에서 태양까지 거리와 태양의 최대지반경차를 구하면 다음과 같다.

지구에서 충의 위치에 있는 화성까지의 거리는 지구에서 태양까지의 거리의 $1/k$이기에 지구에서 태양까지의 거리는 $k \times \overline{기갑}$이 된다. 따라서

$$\begin{aligned} &\text{지구} \sim \text{태양 거리} \\ &= k\sqrt{\left(\cos z_2 + \frac{2\sin(\Delta z_*/2)\cos(z_1 - \Delta z_*/2)}{\sin(z_1 - z_2 - \Delta z_*)}\right)^2 + \sin^2 z_2} \end{aligned} \tag{11}$$

이 된다. 〈일전수리〉 본문에서는 $k = 2.66$, $\overline{기갑} = 8128$이기에 지구에서 태양까지 거리는 지구반경의 21,620배이다. 이에 따른 태양의 최대지반경차는 9.54초 정도이다. 현재는 지구에서 태양까지 거리가 지구 반경의 23,400배이기에 최대 지반경차는 8.8초 정도이다. 여기서 기억할 것은 두 관측지에서 충의 위치에 있는 화성의 천정거리 z_1, z_2, 그리고 별의 천정거리의 차인 Δz_*의 정보를 알면, 지구에서 충의 위치에 있는 화성까지의 거리 및 화성의 지반경차 그리고 지구에서 태양까지의 거리 및 태양의 지반경차를 모두 구할 수 있다는 것이다.

4. 《역상고성》 상편 〈일전역리〉의 태양 지반경차 구하기와 비교

《역상고성》 상편의 〈일전역리〉에서는 태양을 직접 관측하여 원지점거리와 중간거리에서 지반경차를 다루고 있는데 여기서 창춘원과 광주부에서 관측한 태양의 천정거리를 각각 z_1, z_2라 하고, 계산해서 얻은 지반경차를 θ_1, θ_2이라 하면, 태양의 최대지반경차 θ_{max}는 화성의 경우와 마찬가지로

$$\sin\theta_{max} = \frac{\sin\theta_1}{\sin z_1}, \quad \sin\theta_{max} = \frac{\sin\theta_2}{\sin z_2},$$

$$\sin\theta_{max} = \frac{\sin\theta_1 - \sin\theta_2}{\sin z_1 - \sin z_2} \tag{12}$$

관계가 있다. 《역상고성》 상편의 〈일전역리〉에서는 θ_1과 θ_2를 계산으로 다 구하였지만 《역상고성후편》의 〈일전수리〉에서는 $\Delta\theta = \theta_1 - \theta_2$의 관측값만 사용하였다. 화성의 경우도 $\angle$을기갑 $= \theta_1$이기에 $\overline{\text{기갑}}\sin\theta_1 = \sin z_1$이 되고, $\angle$정기갑 $= \theta_2$이기에 $\overline{\text{기갑}}\sin\theta_2 = \sin z_2$가 되므로, θ_1과 θ_2를 구할 수는 있다. 또한 화성 관측에서는 Δz_*를 별의 천정거리차로 알 수 있었지만, 태양의 경우는 별 관측이 불가능하기에 두 관측 위치가 같은 경도상이라는 가정하에 위도 차를 이용하였다. 태양의 경우 고도 관측의 오차가 별의 경우보다 크기 때문에 《역상고성》 상편의 〈일전역리〉에서는 지구와 태양 사이의 거리도 가깝게 계산되고, 이에 따른 지반경차도 크게 계산된 것으로 보인다.

제10장 태양의 운동 모델

1) 이심모델(Eccentric model, 본륜모델)

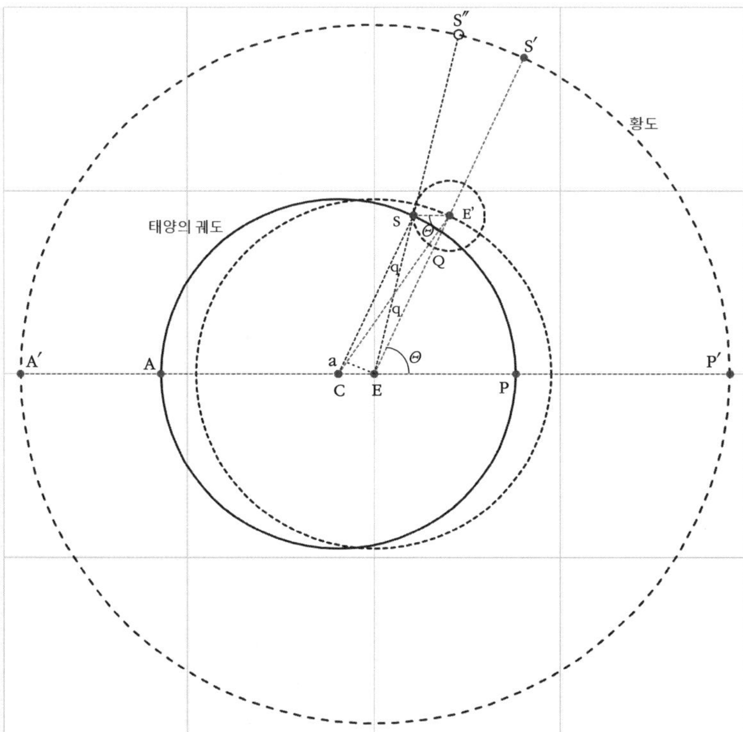

[그림 10-1-1] 이심모델

기원전 147년에서 127년 사이에 천문학 연구 활동을 활발히 한 히파르쿠스(Hipparchus, BC 190~120)는 태양이 황도 상에서 운행하는 모습을 관측한 결과 1년 중 어떤 시기에는 빠르게, 또 어떤 시기에는 느리게 움직이는 것을 알았다. 그 당시에는 이를 설명하기 위해서 [그림 10－1－1]과 같이 지구 중심(E)이 태양

운행 궤도의 중심이 아니고 태양이 운행하는 궤도는 완벽한 원이지만 그 중심(C)은 지구 중심(E)로부터 $\overline{CE}$ 만큼 떨어져 있다고 생각했다. 태양이 움직이는 이러한 원을 이심원(離心圓, eccentric)이라 부르고 그 중심을 이심(離心)이라 부른다. 그런데 [그림 10-1-1]에서 태양이 위치한 S의 위치는 사각형 $ECSE'$가 평행사변형이기에 $\angle E'EP = \theta = \angle SE'E = \angle SCE$이고, 이심원의 반경이 1, $\overline{CE} = d$라 하면

$$\overrightarrow{ES} = \overrightarrow{EC} + \overrightarrow{CS} = \underset{\text{본륜}}{(-d, 0)} + \underset{\text{본원}}{(\cos\theta, \sin\theta)} = \underset{\text{이심원}}{(\cos\theta - d, \sin\theta)} \qquad (10\text{-}1\text{-}1)$$

이 된다. 여기서 $\overline{CE} = d$를 '양심차'라 부른다. [그림 10-1-1]의 실선으로 표시된 이심원은 E를 중심으로 하는 본원과 E′를 중심으로 하는 본륜(주전원)으로 표시하여도 기하학적으로 동일하게 그려진다. 단지 본원에서 E′는 P(근지점)에서 θ만큼 반시계방향으로 이동하고, S는 주전원에서 지구에 가장 가까운 점인 Q에서 시계방향으로 θ만큼 움직인 위치에 있다. 지구 E에서 태양 S를 바라보면 황도상에서는 S″에서 관측된다. 그러나 태양의 평균 위치인 E′는 지구 E에서 보면 S′로 보일 것이다. 실제 위치 S″와 평균 위치 S′를 지구 E에서 바라보면 황도상에서는 호 S′S″ 즉 $\angle S'ES'' = q$의 각거리를 이룬다. 따라서 실제 태양의 위치는 이 경우에 P에서 반시계방향으로 $\theta + q$의 위치에 있게 된다. 여기서 q를 가감차(equation of center)라 부른다.

q를 어떻게 얻을 수 있을까? (10-1-1) 식에서 $\overrightarrow{ES}$가 x축과 이루는 각이 $\theta + q$이기에

$$\tan(\theta + q) = \frac{\sin\theta}{\cos\theta - d} \qquad (10\text{-}1\text{-}2)$$

가 된다. 아를 정리하면

$$\tan q = \frac{d\sin\theta}{1 - d\cos\theta} \qquad (10\text{-}1\text{-}3)$$

을 얻는다. 다른 방법으로는 $\overline{CE}=d$이고, $\angle SaE$가 직각이기에 $\triangle CEa$에서 $\overline{Ca}=d\cos\theta$, $\overline{Ea}=d\sin\theta$ 이다. $\triangle CES$에서 $\overline{SC}=1$, $\overline{Sa}=1-d\cos\theta$이기에 $\tan q=\dfrac{\overline{Ea}}{\overline{Sa}}$이다. 따라서 (10-3)의 식을 얻게 된다.

평균 태양 E′는 본원 위를 일정한 각속도로 운행한다. 이 값은 [표 5−1]에서 하루 동안에 $n=0.98564735°/$일로 주어져 있다. 따라서 근지점 이동을 무시하면 Δt일 지난 후에는 $n\Delta t$ 각 만큼 진행한다. E에서 P(근지점)을 바라보면 황도 상에서는 P′에 관측된다. 만약 $t=0$일 때에 평균 태양이 P에서 반시계 방향으로 t일 동안 움직였다면 $\Delta t=t$가 되어 [그림 10−1−1]에서 $\theta=nt$가 된다. 일반적으로 θ를 M이라 표시하고 평균근점이각(mean anomaly)이라고 부른다고 했다. 그런데 $t=t_0$일 때 근일점으로부터 잰 각인 M_0부터 시작했다면

$$M=M_0+n(t-t_0)=M_0+n\Delta t \tag{10-1-4}$$

가 된다. 이 식은 앞에서 본 식과 동일하다. 만약 근일점 P가 매우 천천히 시계방향으로 하루 동안에 $\dot{\varpi}$만큼 뒤로 움직인다면 (10-1-4)식은

$$M=M_0-\dot{\varpi}\Delta t+n\Delta t \tag{10-1-5}$$

가 된다. 이제 M은 근지점으로부터 이동한 평균 각거리이다.

이제 M값에 따른 가감차 q는 (10-1-3)식에서 $d=2e$라 하면

$$q=\tan^{-1}\left(\frac{2e\sin M}{1-2e\cos M}\right) \tag{10-1-6}$$

을 얻고, $2e \ll 1$이기에

$$q\simeq 2e\sin M+2e^2\sin(2M) \tag{10-1-7}$$

로 어림 된다. 이제 (10-1-6)식을 이용하여 가감차를 구해보면 [그림 10−1−2]와 같다. 여기서 $d=0.033422$를 사용하였다. 근지점에서 원지점까지는 +값을 갖기

에 실제 태양이 평균 태양보다 앞서서 가다가 $M \simeq 90°$ 조금 못 미쳤을 때 최대로 벌어지다가 점점 평균 태양이 실제 태양을 따라가 원지점에서 서로 만나다. 그러나 원지점을 지난 후에는 실제 태양이 평균태양보다 뒤쳐져 따라간다. $M \simeq 270°$ 조금 후에 최대로 벌어지고, 그 후에는 실제 태양이 평균태양을 따라가 근지점에서 만난다.

최대로 두 태양이 멀어질 때의 M값을 구하기 위해서는 (10-1-6)을 시간에 대해 미분하여 $\dot{q}=0$일 때를 구하면 된다. (10-1-6)을 시간에 대해 미분하면 $\sec^2 q\,\dot{q} = \dfrac{2e(\cos M - 2e)}{(1-2e\cos M)^2}\dot{M}$ 이기에

$$\dot{q} = \dot{M}\left\{\frac{2e(\cos M - 2e)}{1-4e\cos M + 4e^2}\right\} \qquad (10\text{-}1\text{-}8)$$

이 된다. 따라서 $\cos M = 2e$일 때 즉 $M = 88;05,05°$와 $M = 271;54,55°$일 때에 가감자가 최대로 벌어진다.

[그림 10－1－1]에서 $\theta + q$ 즉 $M+q$를 실근점이각(true anomaly) T로 표시한다. 즉

$$T = M + q \qquad (10\text{-}1\text{-}9)$$

이다. 그런데 실근점이각 각속도 $\dot{T}$는 (10-1-8)을 이용하면

$$\dot{T} = \dot{M} + \dot{q} = \dot{M}\left[1 + \left\{\frac{2e(\cos M - 2e)}{1-4e\cos M + 4e^2}\right\}\right] \qquad (10\text{-}1\text{-}10)$$

이 된다. 하루 동안에 근지점에서는 $\dfrac{\dot{M}}{1-2e} = 0;61,11,01,24.26°$를, 원지점에서는 $\dfrac{\dot{M}}{1+2e} = 0;57,13,34,24.83°$를 진행한다. 참고로 $\dot{M} = 0;59,08,19,49.67°$이다. 따라서 태양은 근지점에서는 빨리, 원지점에서는 느리게 진행한다. [그림10-1-3]은 M에 따른 $\dot{T}$의 분포를 보여준다.

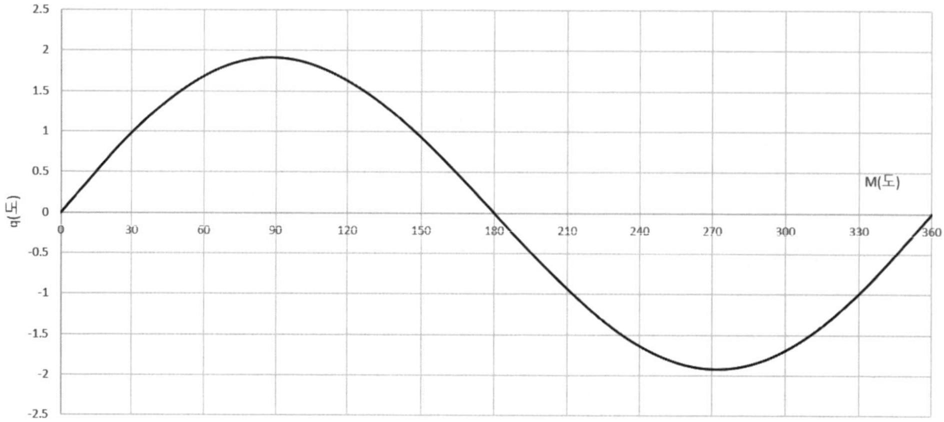

[그림 10-1-2] 이심모델에서의 가감차

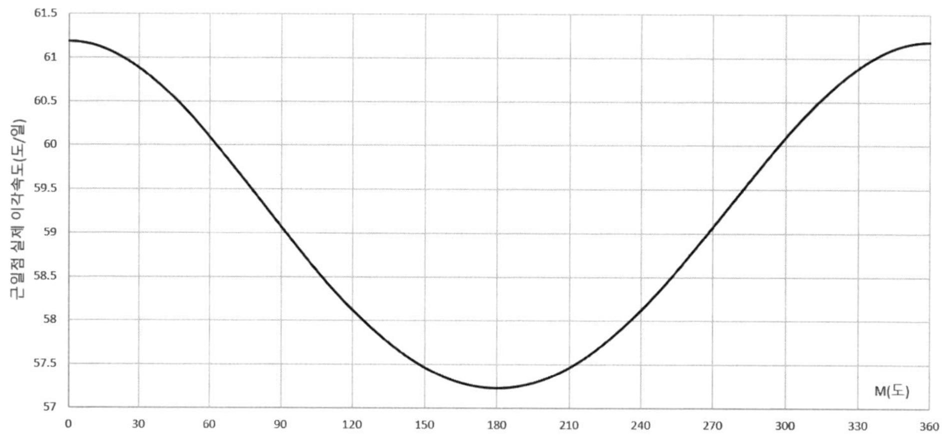

[그림 10-1-3] 이심모델에서 근지점 실제 이각속도($\dot{T}=\dot{M}+\dot{q}$)

실제 태양과 지구 사이의 거리는 (10-1-1)식에 의하여 $r=|\overrightarrow{ES}|$이므로 $r=\sqrt{1+d^2-2d\cos M}$가 된다. 여기에 $d=2e, \theta=M$을 대입하면

$$r=\sqrt{1+4e^2-4e\cos M} \tag{10-1-11}$$

이 된다. 근지점 거리는 $M=0°$일 때이기에 $1-2e$, 원지점 거리는 $M=180°$일 때 $1+2e$가 된다.

2) 평행심 모델(Equant model)

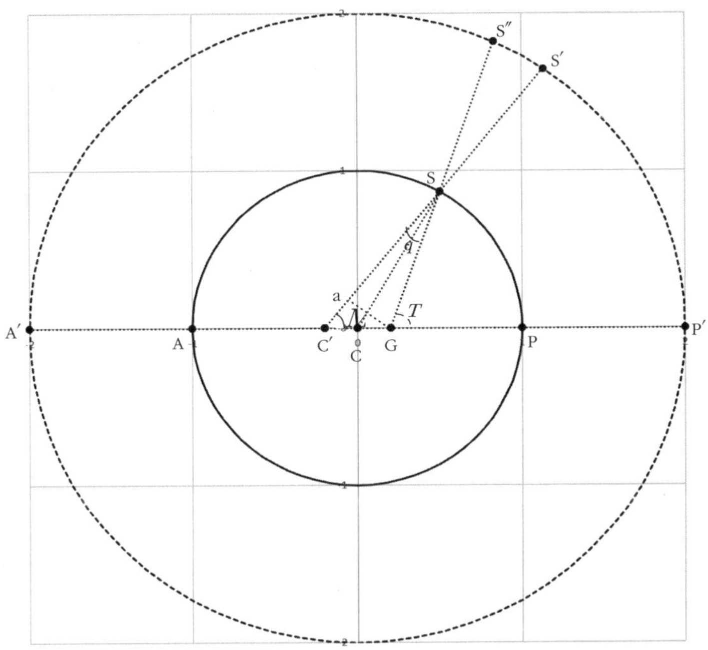

[그림 10-2-1] 평행심 모델

평행심 모델(Equant model)의 경우에는 [그림 10-2-1]과 같이 태양의 궤도는 C를 중심으로 하는 원이다. 모델에서는 반지름 $\overline{CS}$를 1로 한다. 관측자가 있는 지구는 G에 있다. 그런데 실제 태양은 C에서 e만큼 떨어진 C′에서 일평행 각속도 n으로 등속운동을 한다. $t=t_0$일 때에 태양이 P에 위치해 있었다면 $\Delta t=t-t_0$ 후의 위치인 S는 호 PS$=n\Delta t=M$이 된다. 따라서 황도 상에는 S′가 태양의 위치이지만 관측자 G에서보면 실제 태양은 S″이 있다. $\widehat{S'S''}=q$가 두 태양이 서로 떨어져 있는 각도이다. 즉 '가감차'이다. 관측자는 황도 상에서 P′에서 $T=M+q$ 만큼 떨어진 곳에서 실제 태양을 보게 된다.

이제 q값을 구해보자. $\overline{CC'}=e$, $\overline{SC}=x$이라면 △SC′C에서 코사인 법칙을 이용하면 $x^2+e^2-2xe\cos M=1$가 된다. 따라서 $x=e\cos M+\sqrt{1-e^2\sin^2 M}$가 된다. 이제 a는 G에서 $\overline{SC'}$에 수선을 내려 만나는 교점이다. 따라서 $\overline{aC'}=2e\cos M$, $\overline{aG}=2e\sin M$, $\overline{Sa}=x-\overline{aC'}=-e\cos M+\sqrt{1-e^2\sin^2 M}$가 된다. $\tan q=\dfrac{\overline{aG}}{\overline{Sa}}$이기에

$$q=\tan^{-1}\left(\frac{2e\sin M}{\sqrt{1-e^2\sin^2 M}-e\cos M}\right) \qquad (10\text{-}2\text{-}1)$$

이 된다. $e \ll 1$이기에 이 식을 어림하면

$$q \simeq 2e\sin M+e^2\sin(2M) \qquad (10\text{-}2\text{-}2)$$

가 된다.이심 모델의 어림 식인 (10-1-7)과 비교해 보면 $e^2\sin(2M)$만큼 작다. 실제 관측과 비교하여 이심 모델에 의한 최대 가감차 값이 실제보다 더 크기에 이를 보완하기 위해 평행심 모델을 도입한 것으로 보인다. 프톨레마이오스는 행성의 위치를 추보할 때에 평행심 모델을 이용하였다.

평행심 모델은 타원 모델과 그 모습이 가장 유사하다. 물론 타원 모델에서의 M은 하루에 일정한 크기로 증가하는 면적 속도이다. [그림 10−2−2]에서 평행심 모델의 원을 따라 운행하는 태양을 S, 타원을 따라 운행하는 태양을 S‴이라 하자. 그림에서 보듯이 가감차는 Δq만큼의 차이를 보인다. ∠SC′P$=M$이고, $e \ll 1$이면 $\overline{SC'} \cong 1$이기에 $\overline{SH}=\sin M$, $\overline{aH}=\sqrt{1-e^2}\sin M$이 된다. 따라서 $\overline{Sa}=(1-\sqrt{1-e^2})\sin M \simeq \frac{1}{2}e^2\sin M$이 된다. 이제 아주 작은 △Sab를 생각해 보자. ∠Sab$\approx M$이기에 $\overline{Sb}=\frac{1}{2}e^2\sin M\cos M=\frac{1}{4}e^2\sin(2M)$이 된다. $\overline{SC'}\times\Delta q \cong \overline{Sb}$이기에

$$\Delta q \simeq \frac{1}{4} e^2 \sin(2M) \tag{10-2-3}$$

이 된다. 이는 원 대신 태양이 타원궤도를 움직이기 때문에 생긴 각으로 '타원차각'이라 부른다. 따라서 타원궤도에서는 (10-2-2) 대신

$$q_{\text{타원}} \simeq 2e \sin M + \frac{5}{4} e^2 \sin(2M) \tag{10-2-4}$$

를 사용한다. [그림 10−2]에서 보는 바와 같이 관측자는 황도에 같은 방향 T에 위치하는 태양을 본다.

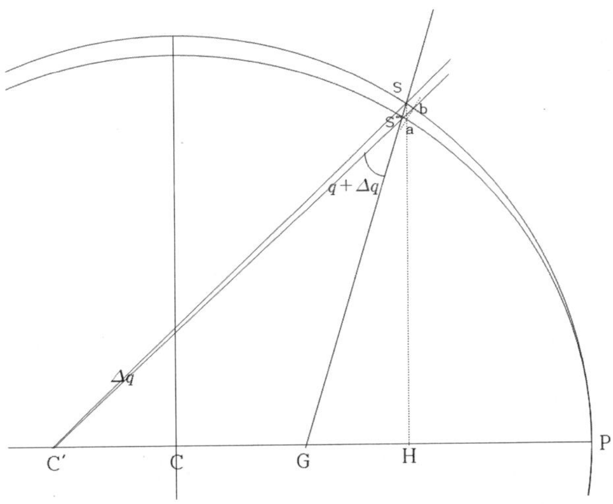

[그림 10-2-2] 평행심 모델과 타원 모델 차이

지구에서 태양까지의 거리는 $\overline{ST} = r$이라면 $\triangle SC'G$에서 $x^2 + 4e^2 - 4ex\cos M = r^2$이기에

$$r = \sqrt{1 + e^2 + 2e^2 \sin^2 M - 2e\cos M \sqrt{1 - e^2 \sin^2 M}} \tag{10-2-5}$$

가 된다. 근지점에서는 $1-e$가 되고, 원지점에서는 $1+e$가 된다.

(10-2-1)식을 미분하여 $\dot{q}$을 구해보면

$$\dot{q} = \dot{M}\left\{\frac{2e\left(\frac{\cos M}{\sqrt{1-e^2\sin^2 M}}-e\right)}{1+e^2+2e^2\sin^2 M-2e\cos M\sqrt{1-e^2\sin^2 M}}\right\} \quad (10\text{-}2\text{-}6)$$

이 된다. 근지점, 원지점에서는 각각

$$\dot{q}_{\text{근지점}} = \left(\frac{2e}{1-e}\right)\dot{M}\ ,\ \ \dot{T}_{\text{근지점}} = \dot{M}_{\text{근지점}} + \dot{q}_{\text{근지점}} = \left(\frac{1+e}{1-e}\right)\dot{M} \quad (10\text{-}2\text{-}7\text{-}1)$$

$$\dot{q}_{\text{원지점}} = \left(\frac{-2e}{1+e}\right)\dot{M}\ ,\ \ \dot{T}_{\text{원지점}} = \dot{M}_{\text{원지점}} + \dot{q}_{\text{원지점}} = \left(\frac{1-e}{1+e}\right)\dot{M} \quad (10\text{-}2\text{-}7\text{-}2)$$

가 된다. $\dot{q}=0$이 되는 M은 $\sin M = \pm\frac{1}{\sqrt{1+e^2}}$ 혹은 $\cos M = \pm\frac{e}{\sqrt{1+e^2}}$일 때이다. $e=0.016711$일 때에 이 값은 각각 89;02,33,25.78°, 270;54,26,34.22°이다. 이 때 최대 가감차를 갖는데 그 값은 ±1;54,53,8.445°이다.

평행심 모델과 이심 모델의 가감차 차이는 $e^2\sin(2M)$이기에 M이 45°, 135°, 225°, 315°부근에서 거의 각도로 60초 즉 1′의 차이가 있다. 이심 모델을 사용하여 태양의 위치를 추보하면 거의 1′의 차이가 있다는 의미이다. 타원 모델이 실제 태양의 위치를 잘 묘사한다고 한다면 실제는 45초 정도 차이이다. 육안 관측의 분해능이 1′정도이기에 이를 감지하기는 어렵다. 그러나 오랜 기간 위치를 추보하는 가운데 이러한 관측의 차이를 감지하여 새로운 모델의 필요했을 것으로 보인다. 앞으로 다룰 균륜 모델에 의한 가감차 값과 평행심 모델의 가감차 값은 거의 구별이 어렵다. [그림 10-2-3]을 보면 타원 모델의 가감차 값은 이심 모델의 가감치 값보다 $\frac{3}{4}e^2\sin(2M)$이 더 작게 계산되고, 평행심 모델의 가감차나 균륜 모델의 가감차보다는 $\frac{1}{4}e^2\sin(2M)$만큼 더 크게 계산됨을 알 수 있다.

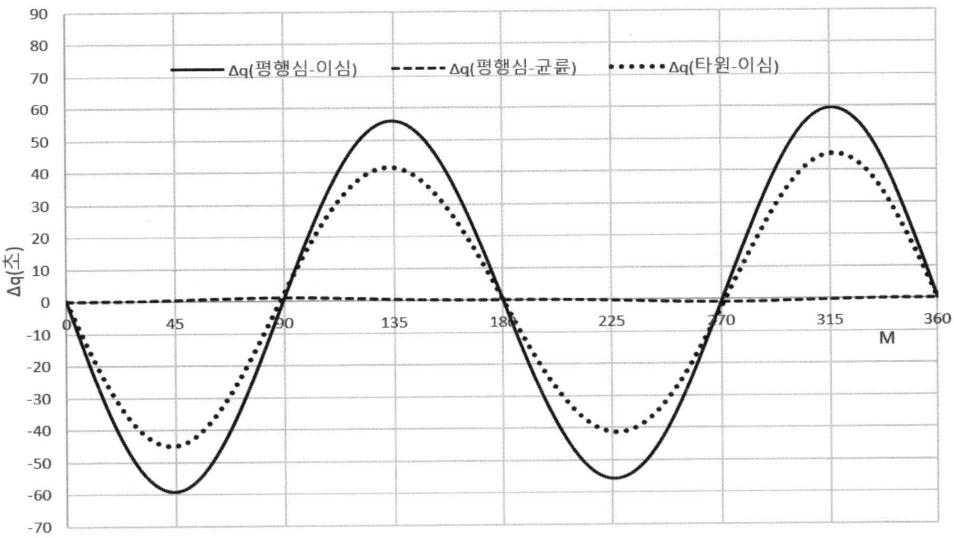

[그림 10-2-3] 각 모델의 가감차 비교

3) 균륜모델

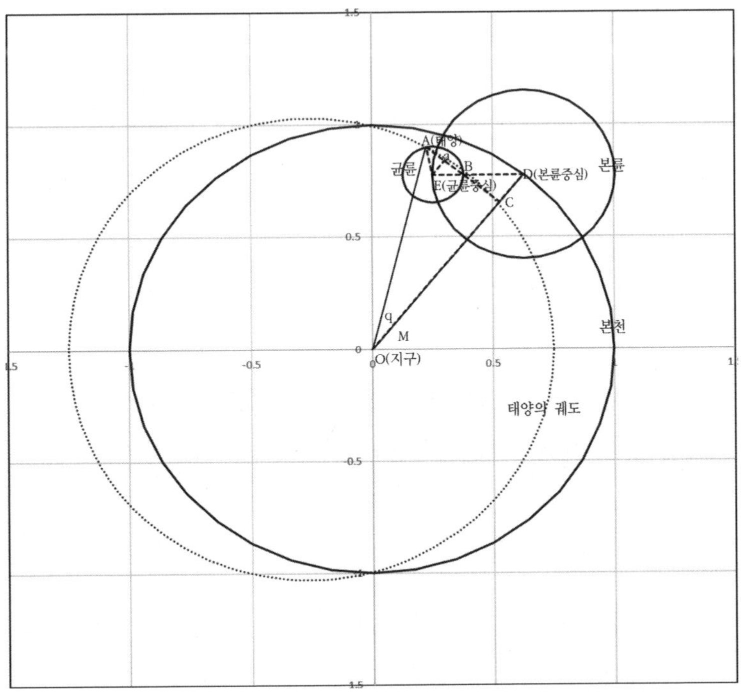

[그림 10-3-1] 균륜 모델

앞에서 보았듯이 본륜만으로는 태양의 위치를 추보하는데 충분하지 않기에 균륜을 도입하였다. [그림 10－3－1]에서 본륜의 중심인 D는 근지점으로부터 평균 각속도로 반시계방향으로 M의 각도를 운행한다. 균륜의 중심인 E는 지구에서 가장 가까운 점으로부터 시계방향으로 같은 각 M만큼 운행한다. 그러나 태양은 본륜 중심 D로부터 가장 가까운 B에서 반시계방향으로 $2M$만큼 운행하여 A에 이른다. 따라서 태양의 가감차 q는 ∠DOA이다. 균륜 모델에서는 본륜 모델의 본륜 반경의 $\frac{3}{4}$을 본륜 반경으로 하고, 본륜 모델의 본륜 반경의 $\frac{1}{4}$을 균륜 반경으로 한다. 따라서 $\overline{DE}=\frac{3e}{2}$, $\overline{EA}=\frac{e}{2}$가 된다. a는 E에서 $\overline{AB}$에 수선을 그어 만나는 점이고, ∠BEa = ∠AEa = ∠CBD = 90° − M이다. C점은 A에서 $\overline{OD}$에 수선을 내려 만나는 점이다. 따라서 $\overline{CD}=\overline{BD}\cos M=e\cos M$이고, $\overline{AC}=2\cdot\overline{BC}=2e\sin M$이다. 따라서 가감차 q는

$$\tan q=\frac{2e\sin M}{1-e\cos M} \tag{10-3-1}$$

이 된다. 평행심 모델과 비교하면 분모의 $\sqrt{1-e^2\sin^2 M}$ 대신 1이 되었다. $e \ll 1$이기에 두 값은 거의 동일하다. (10-3-1)식을 $e \ll 1$이기에 어림하면

$$q \simeq 2e\sin M+e^2\sin(2M) \tag{10-3-2}$$

가 된다. 평행심 모델에서 어림으로 구한 q와 동일하다.

태양의 위치인 A의 좌표를 구해보면

$$\begin{aligned}\overrightarrow{OA} &= \overrightarrow{OD}+\overrightarrow{DE}+\overrightarrow{EA}\\ &= \underset{\text{본원}}{(\cos M,\ \sin M)}+\underset{\text{본륜}}{\left(-\frac{3e}{2},0\right)}+\underset{\text{균륜}}{\left(\frac{e}{2}\cos(2M)+\frac{e}{2}\sin(2M)\right)}\end{aligned}$$

$$= \underbrace{\left(\cos M - \frac{3e}{2}, \sin M\right)}_{\text{이심원}} + \underbrace{\left(\frac{e}{2}\cos(2M) + \frac{e}{2}\sin(2M)\right)}_{\text{균륜}} \tag{10-3-3}$$

으로 쓸 수 있다. 즉 균륜 모델은 (이심원)+(균륜) 모델과 동일하다.

지구에서 태양까지의 거리인 $r = |\overrightarrow{OA}|$ 이기에

$$r = \sqrt{1 - 2e\cos M + e^2 + 3e^2\sin^2 M} \tag{10-3-4}$$

가 된다. 따라서 근지점까지 거리는 $1-e$, 원지점까지 거리는 $1+e$가 된다. 이심 모델과는 e정도 차이가 있지만 평행심 모델과는 같다.

이제 $\dot{q}$을 구해보자. (10-3-1)식을 시간에 대해 미분하면

$$\dot{q} = \frac{2e(\cos M - e)}{1 - 2e\cos M + e^2 + 3e^2\sin^2 M} \tag{10-3-5}$$

가 된다. 따라서 근지점, 원지점에서는 각각

$$\dot{q}_{근지점} = \left(\frac{2e}{1-e}\right)\dot{M}, \quad \dot{T}_{근지점} = \dot{M}_{근지점} + \dot{q}_{근지점} = \left(\frac{1+e}{1-e}\right)\dot{M} \tag{10-3-6-1}$$

$$\dot{q}_{원지점} = \left(\frac{-2e}{1+e}\right)\dot{M}, \quad \dot{T}_{원지점} = \dot{M}_{원지점} + \dot{q}_{원지점} = \left(\frac{1-e}{1+e}\right)\dot{M} \tag{10-3-6-2}$$

이고, 평행심 모델과 같은 값이다. $\dot{q} = 0$일 때는 $\cos M = e$가 된다. 이 때의 M값은 89;02,32,57°, 270;57,27,3°이다.

4) 타원 모델

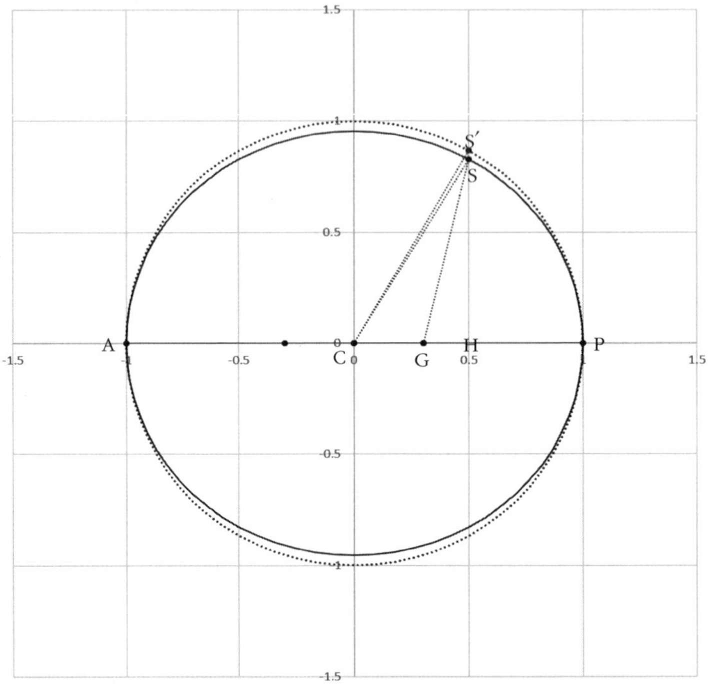

[그림 10-4-1] 타원 모델

타원 모델에서는 태양이 원보다는 타원 궤도를 운행한다. [그림 10－4－1]에서 점선으로 그려진 원은 타원의 외접원이다. 반경은 1이다. 타원의 단반경은 $\sqrt{1-e^2}$ 이 된다. 태양은 P에서 시작하여 타원을 따라 Δt시간 동안 S에 이르렀다고 하자. 타원 궤도에서는 면적속도가 일정하기 때문에 1년간 360°의 면적각을 간다. 즉 타원의 총면적은 장반경과 단반경이 각각 a, b라 할 때, πab가 된다. 따라서 [그림 10－4－1]에서는 $\pi\sqrt{1-e^2}$ 가 된다. 이 면적은 반지름이$(1-e^2)^{1/4}$원의 면적과 같다. 태양이 일평균 각속도가 n일 때에 Δt시간동안에는 진행한 각은 $M=n\Delta t$가 된다. 따라서 Δt 동안 휩쓴 면적은 $\frac{1}{2}\sqrt{1-e^2}M$이 된다. 이 면적은 ▽SGP와 같다. ∠SCG$=E$라 하자. 그러면 ▽S′GP의 면적은 $\frac{1}{2}E$ 와 같다. 그런데

$\triangledown$SGP의 면적은 $\frac{1}{2}E\sqrt{1-e^2}$ 와 같다. $\triangle$SCG의 면적은 $\overline{CG}=e$, $\overline{SH}=\sqrt{1-e^2}\sin E$이기에 $\frac{1}{2}e\sqrt{1-e^2}\sin E$과 같다. 따라서 $\triangledown$SGP의 면적은 $\frac{1}{2}\sqrt{1-e^2}(E-e\sin E)$와 같다. 따라서

$$M=E-e\sin E \qquad (10\text{-}4\text{-}1)$$

이 된다. 이를 '케플러 방정식'이라 부른다.

주어진 M값에 대해서 E를 구하기는 쉽지 않지만 뉴턴 방법으로 이를 해결할 수 있다. 이 방법은 $f(E)=E-e\sin E-M=0$에서 근을 구하는 방법이다. 일반적으로 $(E_0, f(E_0))$에 접하는 직선의 기울기는 $f'(E_0)$이다. 따라서 접하는 직선의 식은 $y=f'(E_0)x+f(E_0)-E_0f'(E_0)$가 된다. 그런데 이 직선이 x축과 만나는 점을 $(E_1, 0)$이라하면

$$E_1=E_0-\frac{f(E_0)}{f'(E_0)} \qquad (10\text{-}4\text{-}2)$$

이 된다. [그림 10－4－2]를 참고하시오.

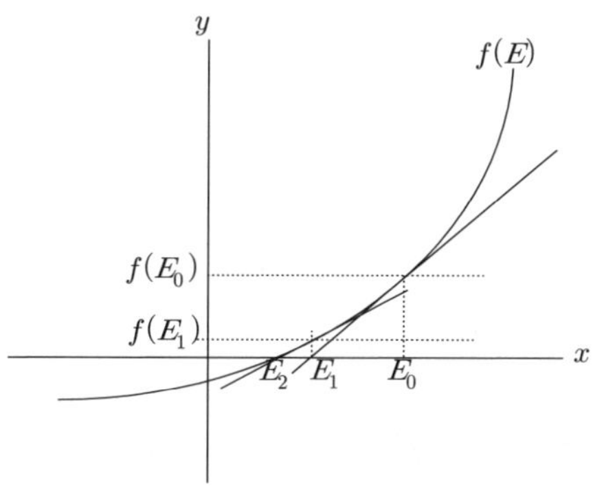

[그림 10-4-2] 뉴턴 방법

이제 $(E_1, f(E_1))$에 접하는 직선이 x축과 만나는 점을 $(E_2, 0)$라 하면

$$E_2 = E_1 - \frac{f(E_1)}{f'(E_1)} \tag{10-4-6}$$

가 된다. 이런 방법을 반복하면 수렴된 E값을 구하게 되는데 이 값이 주어진 M값에 대한 E값이다. 만약 $E_0 = M$이면

$$E_1 = M - \frac{M - e\sin M - M}{1 - e\cos M} \simeq M + e\sin M(1 + e\cos M) \tag{10-4-7}$$

이 된다. 따라서 E값의 1차 근사는

$$E \simeq M + e\sin M + \frac{1}{2}e^2 \sin(2M) \tag{10-4-8}$$

이 된다.

[그림 10－4－1]에서 지구와 태양 사이의 거리를 구하기 위해서

$$\overline{GH} = \cos E - e, \ \overline{SH} = \sqrt{1-e^2}\sin E \tag{10-4-9}$$

이기에 거리 r은

$$r = 1 - e\cos E \tag{10-4-10}$$

이 된다. 역시 근지점과 원지점의 거라는 각각 $1-e, 1+e$가 된다.

이제 우리는 M과 E 사이의 관계를 알았다. $\angle \mathrm{SGP} = T$이기에 $\tan T = \dfrac{\overline{SH}}{\overline{GH}}$이다. 따라서

$$\tan T = \frac{\sqrt{1-e^2}\sin E}{\cos E - e} \tag{10-4-11-1}$$

$$\cos T = \frac{\cos T - e}{1 - e\cos T} \tag{10-4-11-2}$$

$$\sin T = \frac{\sqrt{1-e^2}\sin E}{1 - e\cos E} \tag{10-4-11-3}$$

이 된다. 또한

$$\overline{GH} = \cos E - e = r\cos T \tag{10-4-12-1}$$

$$\overline{SH} = \sqrt{1-e^2}\sin E = r\sin T \tag{10-4-12-2}$$

이기에

$$r = \frac{1-e^2}{1+e\cos T} \tag{10-4-13}$$

이 된다.

(10-4-1)식을 시간에 대해 미분하면

$$\dot{M} = \dot{E}\,(1 - e\cos E) \tag{10-4-13-1}$$

$$\dot{E} = \frac{\dot{M}}{1-e\cos E} = \frac{n}{1-e\cos E} \tag{10-4-13-2}$$

이 된다. 또한 면적 속도 일정의 법칙은 $\frac{1}{2}r^2\dot{T} = \frac{1}{2}\sqrt{1-e^2}\,\dot{M}$ 이기에

$$\dot{T} = \frac{\sqrt{1-e^2}}{r^2}n = \frac{\sqrt{1-e^2}}{(1-e\cos E)^2}n \tag{10-4-14-1}$$

$$\dot{T} = \frac{\sqrt{1-e^2}}{r^2} n = \frac{(1+e\cos T)^2}{(1-e^2)\sqrt{1-e^2}} n \tag{10-4-14-2}$$

이다. 따라서

$$\dot{q} = \dot{T} - n = \left\{ \frac{\sqrt{1-e^2}}{(1-e\cos E)^2} - 1 \right\} n \tag{10-4-15-1}$$

$$\dot{q} = \dot{T} - n = \left(\frac{\sqrt{1-e^2}}{r^2} - 1 \right) n = \left\{ \frac{(1+e\cos T)^2}{(1-e^2)\sqrt{1-e^2}} - 1 \right\} n \tag{10-4-15-2}$$

가 된다. $\dot{q} = 0$이 되는 E은 $\cos E = \dfrac{1-(1-e^2)^{1/4}}{e}$이 되는 89;45,38,11°, 270;14,21,49°이고, T는 $\cos T = \dfrac{1-(1-e^2)^{3/4}}{e}$이 되는 90;43,05,20°, 269;16,54,40°이가 된다. 이 때 M은 88;48,11,19.4°, 271;11.48.40.6°가 된다. 따라서 최대 가감차 q는 ±1;54, 54°가 된다.

(10-4-14, 15)식들을 이용하여 근지점과 원지점에서 각속도 $\dot{T}$과 $\dot{q}$는 각각

$$\dot{T}_{근지점} = \frac{1}{1-e}\sqrt{\frac{1+e}{1-e}}\, n,$$

$$\dot{q}_{근지점} = \dot{T}_{근지점} - \dot{M}_{근지점} = \left(\frac{1}{1-e}\sqrt{\frac{1+e}{1-e}} - 1 \right) n, \tag{10-4-16-1}$$

$$\dot{T}_{원지점} = \frac{1}{1+e}\sqrt{\frac{1-e}{1+e}}\, n,$$

$$\dot{q}_{원지점} = \dot{T}_{원지점} - \dot{M}_{원지점} = \left(\frac{1}{1+e}\sqrt{\frac{1-e}{1+e}} - 1 \right) n, \tag{10-4-16-2}$$

이다. 따라서 근지점과 원지점에서 속도는 각각

$$v_{\text{근지점}} = (1-e)\dot{T}_{\text{근지점}} = \sqrt{\frac{1+e}{1-e}}\,n \tag{10-4-17-1}$$

$$v_{\text{원지점}} = (1+e)\dot{T}_{\text{원지점}} = \sqrt{\frac{1-e}{1+e}}\,n \tag{10-4-17-2}$$

가 된다.

(10-4-11-1)을 어림하기 위해 $T=E+\xi$로 놓고 대입하자. 그러면

$$\xi = T-E \simeq e\sin E + \frac{1}{4}e^2\sin(2E) \tag{10-4-18}$$

을 얻는다. (10-4-8)을 (10-4-18)에 대입하여 어림하면

$$T \simeq M + 2e\sin M + \frac{5}{4}e^2\sin(2M) \tag{10-4-19}$$

을 얻는다. 따라서 타원 궤도에서 q의 어림은

$$q \simeq 2e\sin M + \frac{5}{4}e^2\sin(2M) \tag{10-4-20}$$

이 된다. 평행심 모델이나 균륜 모델보다 $\frac{1}{4}e^2\sin(2M)$만큼 크다. 타원이기 때문에 발생하기에 '타원차각'이라 부른다고 했다. [표 10−1]은 M값에 따른 가감차 q값을 뉴턴 방법을 이용하여 구한 것이다. 태양 황경을 추보할 때 필요한 자료이다.

《역상고성후편》〈일전수리〉의 대부분의 내용은 타원 궤도와 관련된 케플러 방정식의 유도, 면적속도 일정, 케플러 방정식으로부터 가감차 구하기, 타원계각과 타원차각으로 가감차 구하기 등이 실려 있다.[18)]

18) 강민정, 김슬기, 서원모, 이면우, 최승언 공저, 시헌력의 완성 역상고성후편에 기술된 태양의 운동, 2023, 교육과학사 참조

[표 10-1] 타원 모델에서 M에 따른 q값($e=0.16711$)

M	E			T			q			M	E			T			q		
도	도	분	초	도	분	초	도	분	초	도	도	분	초	도	분	초	도	분	초
1	1	1	1	1	2	3	0	2	3	181	180	59	1	180	58	2	0	-1	-58
2	2	2	2	2	4	6	0	4	6	182	181	58	2	181	56	4	0	-3	-56
3	3	3	3	3	6	8	0	6	8	183	182	57	3	182	54	7	0	-5	-53
4	4	4	5	4	8	11	0	8	11	184	183	56	3	183	52	9	0	-7	-51
5	5	5	6	5	10	14	0	10	14	185	184	55	5	184	50	11	0	-9	-49
6	6	6	6	6	12	16	0	12	16	186	185	54	6	185	48	14	0	-11	-46
7	7	7	7	7	14	18	0	14	18	187	186	53	7	186	46	17	0	-13	-43
8	8	8	8	8	16	20	0	16	20	188	187	52	8	187	44	20	0	-15	-40
9	9	9	8	9	18	21	0	18	21	189	188	51	10	188	42	23	0	-17	-37
10	10	10	9	10	20	22	0	20	22	190	189	50	11	189	40	27	0	-19	-33
11	11	11	9	11	22	23	0	22	23	191	190	49	13	190	38	31	0	-21	-29
12	12	12	9	12	24	23	0	24	23	192	191	48	15	191	36	35	0	-23	-25
13	13	13	8	13	26	23	0	26	23	193	192	47	17	192	34	40	0	-25	-20
14	14	14	8	14	28	22	0	28	22	194	193	46	19	193	32	45	0	-27	-15
15	15	15	7	15	30	21	0	30	21	195	194	45	22	194	30	51	0	-29	-9
16	16	16	6	16	32	19	0	32	19	196	195	44	25	195	28	57	0	-31	-3
17	17	17	4	17	34	17	0	34	17	197	196	43	28	196	27	4	0	-32	-56
18	18	18	2	18	36	13	0	36	13	198	197	42	32	197	25	11	0	-34	-49
19	19	19	0	19	38	10	0	38	10	199	198	41	35	198	23	19	0	-36	-41
20	20	19	58	20	40	5	0	40	5	200	199	40	39	199	21	28	0	-38	-32
21	21	20	55	21	41	60	0	41	60	201	200	39	44	200	19	37	0	-40	-23
22	22	21	52	22	43	53	0	43	53	202	201	38	48	201	17	47	0	-42	-13
23	23	22	48	23	45	46	0	45	46	203	202	37	54	202	15	57	0	-44	-3
24	24	23	44	24	47	38	0	47	38	204	203	36	59	203	14	9	0	-45	-51
25	25	24	39	25	49	30	0	49	30	205	204	36	5	204	12	21	0	-47	-39
26	26	25	34	26	51	20	0	51	20	206	205	35	11	205	10	34	0	-49	-26
27	27	26	28	27	53	9	0	53	9	207	206	34	18	206	8	48	0	-51	-12
28	28	27	22	28	54	57	0	54	57	208	207	33	25	207	7	2	0	-52	-58
29	29	28	16	29	56	44	0	56	44	209	208	32	33	208	5	18	0	-54	-42
30	30	29	9	30	58	30	0	58	30	210	209	31	41	209	3	35	0	-56	-25
31	31	30	1	32	0	15	1	0	15	211	210	30	50	210	1	52	0	-58	-8
32	32	30	53	33	1	59	1	1	59	212	211	29	59	211	0	11	0	-59	-49
33	33	31	44	34	3	41	1	3	41	213	212	29	9	211	58	30	-1	-1	-30
34	34	32	34	35	5	23	1	5	23	214	213	28	19	212	56	51	-1	-3	-9
35	35	33	24	36	7	3	1	7	3	215	214	27	30	213	55	13	-1	-4	-47
36	36	34	14	37	8	41	1	8	41	216	215	26	41	214	53	36	-1	-6	-24
37	37	35	2	38	10	19	1	10	19	217	216	25	53	215	51	60	-1	-8	0
38	38	35	50	39	11	55	1	11	55	218	217	25	6	216	50	25	-1	-9	-35
39	39	36	38	40	13	30	1	13	30	219	218	24	19	217	48	51	-1	-11	-9
40	40	37	24	41	15	3	1	15	3	220	219	23	33	218	47	19	-1	-12	-41

M	E			T			q			M	E			T			q		
도	도	분	초	도	분	초	도	분	초	도	도	분	초	도	분	초	도	분	초
41	41	38	10	42	16	35	1	16	35	221	220	22	47	219	45	48	-1	-14	-12
42	42	38	55	43	18	5	1	18	5	222	221	22	2	220	44	18	-1	-15	-42
43	43	39	40	44	19	34	1	19	34	223	222	21	18	221	42	50	-1	-17	-10
44	44	40	23	45	21	1	1	21	1	224	223	20	34	222	41	23	-1	-18	-37
45	45	41	6	46	22	27	1	22	27	225	224	19	51	223	39	57	-1	-20	-3
46	46	41	48	47	23	51	1	23	51	226	225	19	9	224	38	32	-1	-21	-28
47	47	42	30	48	25	14	1	25	14	227	226	18	28	225	37	10	-1	-22	-50
48	48	43	10	49	26	35	1	26	35	228	227	17	47	226	35	48	-1	-24	-12
49	49	43	50	50	27	54	1	27	54	229	228	17	7	227	34	28	-1	-25	-32
50	50	44	29	51	29	12	1	29	12	230	229	16	28	228	33	10	-1	-26	-50
51	51	45	7	52	30	28	1	30	28	231	230	15	49	229	31	53	-1	-28	-7
52	52	45	44	53	31	42	1	31	42	232	231	15	12	230	30	37	-1	-29	-23
53	53	46	21	54	32	55	1	32	55	233	232	14	35	231	29	23	-1	-30	-37
54	54	46	56	55	34	6	1	34	6	234	233	13	59	232	28	11	-1	-31	-49
55	55	47	31	56	35	15	1	35	15	235	234	13	24	233	27	1	-1	-32	-59
56	56	48	4	57	36	22	1	36	22	236	235	12	49	234	25	52	-1	-34	-8
57	57	48	37	58	37	27	1	37	27	237	236	12	16	235	24	44	-1	-35	-16
58	58	49	9	59	38	31	1	38	31	238	237	11	43	236	23	39	-1	-36	-21
59	59	49	40	60	39	33	1	39	33	239	238	11	11	237	22	35	-1	-37	-25
60	60	50	10	61	40	32	1	40	32	240	239	10	40	238	21	32	-1	-38	-28
61	61	50	39	62	41	30	1	41	30	241	240	10	10	239	20	32	-1	-39	-28
62	62	51	7	63	42	26	1	42	26	242	241	9	41	240	19	33	-1	-40	-27
63	63	51	34	64	43	20	1	43	20	243	242	9	12	241	18	36	-1	-41	-24
64	64	52	1	65	44	12	1	44	12	244	243	8	45	242	17	41	-1	-42	-19
65	65	52	26	66	45	3	1	45	3	245	244	8	18	243	16	48	-1	-43	-12
66	66	52	50	67	45	51	1	45	51	246	245	7	53	244	15	56	-1	-44	-4
67	67	53	13	68	46	37	1	46	37	247	246	7	28	245	15	7	-1	-44	-53
68	68	53	36	69	47	21	1	47	21	248	247	7	4	246	14	19	-1	-45	-41
69	69	53	57	70	48	3	1	48	3	249	248	6	42	247	13	33	-1	-46	-27
70	70	54	17	71	48	44	1	48	44	250	249	6	20	248	12	49	-1	-47	-11
71	71	54	37	72	49	22	1	49	22	251	250	5	59	249	12	7	-1	-47	-53
72	72	54	55	73	49	58	1	49	58	252	251	5	39	250	11	27	-1	-48	-33
73	73	55	12	74	50	32	1	50	32	253	252	5	20	251	10	49	-1	-49	-11
74	74	55	28	75	51	4	1	51	4	254	253	5	2	252	10	12	-1	-49	-48
75	75	55	43	76	51	34	1	51	34	255	254	4	45	253	9	38	-1	-50	-22
76	76	55	58	77	52	2	1	52	2	256	255	4	29	254	9	6	-1	-50	-54
77	77	56	11	78	52	28	1	52	28	257	256	4	14	255	8	35	-1	-51	-25
78	78	56	23	79	52	51	1	52	51	258	257	4	1	256	8	7	-1	-51	-53
79	79	56	34	80	53	13	1	53	13	259	258	3	48	257	7	41	-1	-52	-19
80	80	56	44	81	53	33	1	53	33	260	259	3	36	258	7	17	-1	-52	-43
81	81	56	53	82	53	50	1	53	50	261	260	3	25	259	6	54	-1	-53	-6

M	E			T			q			M	E			T			q		
도	도	분	초	도	분	초	도	분	초	도	도	분	초	도	분	초	도	분	초
82	82	57	1	83	54	5	1	54	5	262	261	3	15	260	6	34	-1	-53	-26
83	83	57	8	84	54	19	1	54	19	263	262	3	6	261	6	16	-1	-53	-44
84	84	57	14	85	54	30	1	54	30	264	263	2	58	262	6	0	-1	-53	-60
85	85	57	18	86	54	39	1	54	39	265	264	2	52	263	5	46	-1	-54	-14
86	86	57	22	87	54	46	1	54	46	266	265	2	46	264	5	34	-1	-54	-26
87	87	57	25	88	54	51	1	54	51	267	266	2	41	265	5	24	-1	-54	-36
88	88	57	26	89	54	53	1	54	53	268	267	2	38	266	5	17	-1	-54	-43
88.80315	89	45	38	90	43	5	1	54	54	269	268	2	35	267	5	11	-1	-54	-49
89	89	57	27	90	54	54	1	54	54	270	269	2	34	268	5	8	-1	-54	-52
90	90	57	26	91	54	52	1	54	52	271	270	2	33	269	5	6	-1	-54	-54
91	91	57	25	92	54	49	1	54	49	271.19685	270	14	22	269	16	55	-1	-54	-54
92	92	57	22	93	54	43	1	54	43	272	271	2	34	270	5	7	-1	-54	-53
93	93	57	19	94	54	36	1	54	36	273	272	2	35	271	5	9	-1	-54	-51
94	94	57	14	95	54	26	1	54	26	274	273	2	38	272	5	14	-1	-54	-46
95	95	57	8	96	54	14	1	54	14	275	274	2	42	273	5	21	-1	-54	-39
96	96	57	2	97	53	60	1	53	60	276	275	2	46	274	5	30	-1	-54	-30
97	97	56	54	98	53	44	1	53	44	277	276	2	52	275	5	41	-1	-54	-19
98	98	56	45	99	53	26	1	53	26	278	277	2	59	276	5	55	-1	-54	-5
99	99	56	35	100	53	6	1	53	6	279	278	3	7	277	6	10	-1	-53	-50
100	100	56	24	101	52	43	1	52	43	280	279	3	16	278	6	27	-1	-53	-33
101	101	56	12	102	52	19	1	52	19	281	280	3	26	279	6	47	-1	-53	-13
102	102	55	59	103	51	53	1	51	53	282	281	3	37	280	7	9	-1	-52	-51
103	103	55	46	104	51	25	1	51	25	283	282	3	49	281	7	32	-1	-52	-28
104	104	55	31	105	50	54	1	50	54	284	283	4	2	282	7	58	-1	-52	-2
105	105	55	15	106	50	22	1	50	22	285	284	4	17	283	8	26	-1	-51	-34
106	106	54	58	107	49	48	1	49	48	286	285	4	32	284	8	56	-1	-51	-4
107	107	54	40	108	49	11	1	49	11	287	286	4	48	285	9	28	-1	-50	-32
108	108	54	21	109	48	33	1	48	33	288	287	5	5	286	10	2	-1	-49	-58
109	109	54	1	110	47	53	1	47	53	289	288	5	23	287	10	38	-1	-49	-22
110	110	53	40	111	47	11	1	47	11	290	289	5	43	288	11	16	-1	-48	-44
111	111	53	18	112	46	27	1	46	27	291	290	6	3	289	11	57	-1	-48	-3
112	112	52	56	113	45	41	1	45	41	292	291	6	24	290	12	39	-1	-47	-21
113	113	52	32	114	44	53	1	44	53	293	292	6	47	291	13	23	-1	-46	-37
114	114	52	7	115	44	4	1	44	4	294	293	7	10	292	14	9	-1	-45	-51
115	115	51	42	116	43	12	1	43	12	295	294	7	34	293	14	57	-1	-45	-3
116	116	51	15	117	42	19	1	42	19	296	295	7	59	294	15	48	-1	-44	-12
117	117	50	48	118	41	24	1	41	24	297	296	8	26	295	16	40	-1	-43	-20
118	118	50	19	119	40	27	1	40	27	298	297	8	53	296	17	34	-1	-42	-26
119	119	49	50	120	39	28	1	39	28	299	298	9	21	297	18	30	-1	-41	-30
120	120	49	20	121	38	28	1	38	28	300	299	9	50	298	19	28	-1	-40	-32

M	E			T			q			M	E			T			q		
도	도	분	초	도	분	초	도	분	초	도	도	분	초	도	분	초	도	분	초
121	121	48	49	122	37	25	1	37	25	301	300	10	20	299	20	27	-1	-39	-33
122	122	48	17	123	36	21	1	36	21	302	301	10	51	300	21	29	-1	-38	-31
123	123	47	44	124	35	16	1	35	16	303	302	11	23	301	22	33	-1	-37	-27
124	124	47	11	125	34	8	1	34	8	304	303	11	56	302	23	38	-1	-36	-22
125	125	46	36	126	32	59	1	32	59	305	304	12	29	303	24	45	-1	-35	-15
126	126	46	1	127	31	49	1	31	49	306	305	13	4	304	25	54	-1	-34	-6
127	127	45	25	128	30	37	1	30	37	307	306	13	39	305	27	5	-1	-32	-55
128	128	44	48	129	29	23	1	29	23	308	307	14	16	306	28	18	-1	-31	-42
129	129	44	11	130	28	7	1	28	7	309	308	14	53	307	29	32	-1	-30	-28
130	130	43	32	131	26	50	1	26	50	310	309	15	31	308	30	48	-1	-29	-12
131	131	42	53	132	25	32	1	25	32	311	310	16	10	309	32	6	-1	-27	-54
132	132	42	13	133	24	12	1	24	12	312	311	16	50	310	33	25	-1	-26	-35
133	133	41	32	134	22	50	1	22	50	313	312	17	30	311	34	46	-1	-25	-14
134	134	40	51	135	21	28	1	21	28	314	313	18	12	312	36	9	-1	-23	-51
135	135	40	9	136	20	3	1	20	3	315	314	18	54	313	37	33	-1	-22	-27
136	136	39	26	137	18	37	1	18	37	316	315	19	37	314	38	59	-1	-21	-1
137	137	38	42	138	17	10	1	17	10	317	316	20	20	315	40	26	-1	-19	-34
138	138	37	58	139	15	42	1	15	42	318	317	21	5	316	41	55	-1	-18	-5
139	139	37	13	140	14	12	1	14	12	319	318	21	50	317	43	25	-1	-16	-35
140	140	36	27	141	12	41	1	12	41	320	319	22	36	318	44	57	-1	-15	-3
141	141	35	41	142	11	9	1	11	9	321	320	23	22	319	46	30	-1	-13	-30
142	142	34	54	143	9	35	1	9	35	322	321	24	10	320	48	5	-1	-11	-55
143	143	34	7	144	8	0	1	8	0	323	322	24	58	321	49	41	-1	-10	-19
144	144	33	19	145	6	24	1	6	24	324	323	25	46	322	51	19	-1	-8	-41
145	145	32	30	146	4	47	1	4	47	325	324	26	36	323	52	57	-1	-7	-3
146	146	31	41	147	3	9	1	3	9	326	325	27	26	324	54	37	-1	-5	-23
147	147	30	51	148	1	30	1	1	30	327	326	28	16	325	56	19	-1	-3	-41
148	148	30	1	148	59	49	0	59	49	328	327	29	7	326	58	1	-1	-1	-59
149	149	29	10	149	58	8	0	58	8	329	328	29	59	327	59	45	-1	0	-15
150	150	28	19	150	56	25	0	56	25	330	329	30	51	329	1	30	0	-58	-30
151	151	27	27	151	54	42	0	54	42	331	330	31	44	330	3	16	0	-56	-44
152	152	26	35	152	52	58	0	52	58	332	331	32	38	331	5	3	0	-54	-57
153	153	25	42	153	51	12	0	51	12	333	332	33	32	332	6	51	0	-53	-9
154	154	24	49	154	49	26	0	49	26	334	333	34	26	333	8	40	0	-51	-20
155	155	23	55	155	47	39	0	47	39	335	334	35	21	334	10	30	0	-49	-30
156	156	23	1	156	45	51	0	45	51	336	335	36	16	335	12	22	0	-47	-38
157	157	22	6	157	44	3	0	44	3	337	336	37	12	336	14	14	0	-45	-46
158	158	21	12	158	42	13	0	42	13	338	337	38	8	337	16	7	0	-43	-53
159	159	20	16	159	40	23	0	40	23	339	338	39	5	338	18	0	0	-41	-60
160	160	19	21	160	38	32	0	38	32	340	339	40	2	339	19	55	0	-40	-5
161	161	18	25	161	36	41	0	36	41	341	340	40	60	340	21	50	0	-38	-10

M	E			T			q			M	E			T			q		
도	도	분	초	도	분	초	도	분	초	도	도	분	초	도	분	초	도	분	초
162	162	17	28	162	34	49	0	34	49	342	341	41	58	341	23	47	0	-36	-13
163	163	16	32	163	32	56	0	32	56	343	342	42	56	342	25	43	0	-34	-17
164	164	15	35	164	31	3	0	31	3	344	343	43	54	343	27	41	0	-32	-19
165	165	14	38	165	29	9	0	29	9	345	344	44	53	344	29	39	0	-30	-21
166	166	13	41	166	27	15	0	27	15	346	345	45	52	345	31	38	0	-28	-22
167	167	12	43	167	25	20	0	25	20	347	346	46	52	346	33	37	0	-26	-23
168	168	11	45	168	23	25	0	23	25	348	347	47	51	347	35	37	0	-24	-23
169	169	10	47	169	21	29	0	21	29	349	348	48	51	348	37	37	0	-22	-23
170	170	9	49	170	19	33	0	19	33	350	349	49	51	349	39	38	0	-20	-22
171	171	8	50	171	17	37	0	17	37	351	350	50	52	350	41	39	0	-18	-21
172	172	7	52	172	15	40	0	15	40	352	351	51	52	351	43	40	0	-16	-20
173	173	6	53	173	13	43	0	13	43	353	352	52	53	352	45	42	0	-14	-18
174	174	5	54	174	11	46	0	11	46	354	353	53	54	353	47	44	0	-12	-16
175	175	4	55	175	9	49	0	9	49	355	354	54	54	354	49	46	0	-10	-14
176	176	3	57	176	7	51	0	7	51	356	355	55	55	355	51	49	0	-8	-11
177	177	2	57	177	5	53	0	5	53	357	356	56	57	356	53	52	0	-6	-8
178	178	1	58	178	3	56	0	3	56	358	357	57	58	357	55	54	0	-4	-6
179	179	0	59	179	1	58	0	1	58	359	358	58	59	358	57	57	0	-2	-3
180	180	0	0	180	0	0	0	0	0	360	360	0	0	360	0	0	0	0	0

제 2 부

태양 위치에 대한 좌표 변환

제11장 천구좌표의 변환

1) 지평좌표 ⇆ 적도좌표 변환

a. 적도 좌표(α, δ)를 지평좌표(A, a)로

α_0인 천체가 남중할 때에 $h = \alpha_0 - \alpha$가 된다. 관측자의 위도가 ϕ일 때,

$$\sin a = \sin\phi\sin\delta + \cos\phi\cos\delta\cos h \qquad (11\text{-}1\text{-}1)$$

$$\tan A = \frac{\sin h}{\cos h\sin\phi - \tan\delta\cos\phi} \begin{cases} \cos a\cos A = \cos\delta\cos h\sin\phi - \sin\delta\cos\phi \\ \cos a\sin A = \cos\delta\sin h \end{cases} \qquad (11\text{-}1\text{-}2)$$

가 된다. 그러나 $x = \cos a\cos A = \cos\delta\cos h\sin\phi - \sin\delta\cos\phi$, $y = \cos a\sin A = \cos\delta\sin h$로 놓고

$$A = -\,a\tan 2(x, y) \qquad (11\text{-}1\text{-}3)$$

을 구하면 +값은 남에서 서쪽으로 -값은 남에서 동쪽으로의 각도이다.

예제 11-1 **$\phi = 37.5°$인 지역에서 춘분점이 남중하고 있을 때, $(\alpha, \delta) = (1^h, 0)$인 천체의 (A, a)는?**

$1^h = 15°$이기에 $h = \alpha_0 - \alpha = 0° - 15° = -15°$가 된다. 따라서 (11-1-1)에서 $\sin a = \cos(37.5°)\cos(-15°)$이기에 $a = 50;01,28.6°$가 된다. 남중하는 춘분점의 고도는 $h = 0°$이기에 $\sin a = \cos(37.5°)$이기에 $a = 90° - \phi = 52.5°$가 된다. 방위각 A를 구하기 위해서 먼저

$$x = \cos 0° \cos(-15°) \sin(37.5°) - \sin 0° \cos(37.5°) = 0.588018$$
$$y = \cos 0° \sin(-15°) = -0.25882$$

를 계산하고, (11-1-3)에 대입하면 $A = -atan2(x, y) = -23;45,24.9°$가 된다. [그림 11-1]에서 $(\alpha, \delta) = (1^h, 0)$ 점은 남쪽에서 동쪽으로 23;45,24.9°인 곳에 고도 50;01,28.6°인 곳에 위치하고 있음을 확인할 수 있다.

[그림 11-1] 춘분점이 남중하는 순간

b. 지평좌표(A, a)를 적도 좌표(α, δ)로

관측자의 위도가 ϕ이고 천체의 지평좌표가 (A, a)일 때에

$$\sin\delta = \sin\phi \sin a - \cos\phi \cos a \cos A \qquad (11\text{-}1\text{-}4)$$

$$\tan h = \frac{\sin A}{\cos A \sin\phi + \tan a \cos\phi} \begin{cases} \cos\delta \cos h = \cos a \cos A \sin\phi + \sin a \cos\phi \\ \cos\delta \sin h = \cos a \sin A \end{cases}$$

(11-1-5)

가 된다. 그러나 $x = \cos\delta \cos h = \cos a \cos A \sin\phi + \sin a \cos\phi$, $y = \cos\delta \sin h =$

$\cos a \sin A$로 놓고

$$h = a\tan 2(x, y) \tag{11-1-6}$$

계산하면 편리하다. 왜냐하면 $atan2$식은 $-180°$~$180°$의 값을 주기 때문이다.

춘분점의 시간각을 '항성시'라 한다. 항성시는 남중하고 있는 천체의 적경인 α_0와 같다. 이제 $h = \alpha_0 - \alpha$이기에 $\alpha = \alpha_0 - h$가 된다. 항성시를 알면 남중하는 천체의 α_0를 알기에 구한 h를 이용하여 α값을 구할 수 있다. h값이 $+$면 적경이 감소하는 방향으로 $-$면 적경이 증가하는 방향이 된다.

예제 11-2 $\phi = 37.5°$ **인 지역에서 춘분점이 남중하고 있을 때(즉** $\alpha_0 = 0°$ **일 때 혹은 항성시가** 0^h **일 때), 지평좌표** $(A, a) = (-23;45, 24.9°, 50;01, 28.6°)$ **인 천체의 적도 자표** (α, δ)**는?**

(11-1-4)식에 대입하면 $\delta = 0°$이고, (11-1-6)식에 의하면 $h = -15°$를 얻는다. $\alpha_0 = 0°$이기에 $\alpha = 15° = 1^h$이 계산된다. 따라서 이 천체의 적도 좌표는 $(\alpha, \delta) = (1^h, 0)$가 된다. (예제 11-1)에서 확인할 수 있다.

c. 방위각 A를 북쪽을 기준으로 설정한 경우

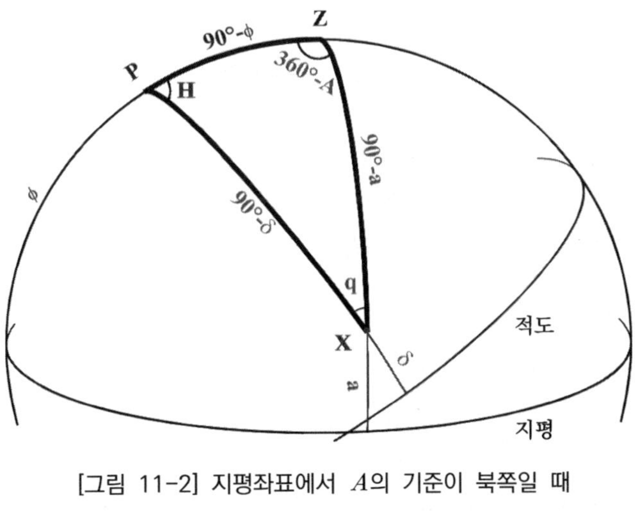

[그림 11-2] 지평좌표에서 A의 기준이 북쪽일 때

방위각 A를 [그림 11-2]와 같이 북쪽에서부터 시계방향으로 즉 동쪽으로 재는 각도로 정의하면 (11-1-4)식은 구면삼각형 PZX에서 코사인공식을 이용하면

$$\sin\delta = \sin\phi\sin a + \cos\phi\cos a\cos A \qquad (11\text{-}1\text{-}7)$$

$$\sin a = \sin\phi\sin\delta + \cos\phi\cos\delta\cos H \qquad (11\text{-}1\text{-}8)$$

이 된다. 그리고 사인공식을 이용하면

$$y = \cos\delta\sin H = -\cos a\sin A \qquad (11\text{-}1\text{-}9)$$

를 얻는다. (11-1-8)식에서 $\cos\delta\cos H = \dfrac{\sin a - \sin\phi\sin\delta}{\cos\phi}$가 되는데 여기에 (11-1-7)식을 대입하면

$$x = \cos\delta\cos H = -\cos a\cos A\sin\phi + \sin a\cos\phi \qquad (11\text{-}1\text{-}10)$$

을 얻는다. 따라서 (11-1-9)을 (11-1-10)로 나누면

$$\tan H = \frac{\sin A}{\cos A\sin\phi - \tan a\cos\phi} \qquad (11\text{-}1\text{-}11)$$

이 된다. 또한 (11-1-7)식을 이용하고, (11-1-8)식을 대입하면

$$x' = -\cos a\cos A = \cos\delta\cos H\sin\phi - \sin\delta\cos\phi \qquad (11\text{-}1\text{-}12)$$

를 얻는다. (11-1-9)을 (11-1-12)로 나누면

$$\tan A = \frac{\sin H}{\cos H\sin\phi - \tan\delta\cos\phi}\begin{cases} -\cos a\cos A = \cos\delta\cos H\sin\phi - \sin\delta\cos\phi \\ -\cos a\sin A = \cos\delta\sin H \end{cases}$$

(11-1-13)

이 된다. 계산해 보면 결국 같은 값들이 얻어진다.

2) 적도좌표 ⇆ 황도좌표 변환

a. 적도좌표 (α, δ)를 황도좌표 (λ, β)로 바꾸려면

$$\sin\beta = \sin\delta\cos\epsilon - \cos\delta\sin\epsilon\sin\alpha \tag{11-2-1}$$

$$\tan\lambda = \frac{\sin\alpha\cos\epsilon + \tan\delta\sin\epsilon}{\cos\alpha} \begin{cases} \cos\beta\sin\lambda = \cos\delta\sin\alpha\cos\epsilon + \sin\delta\sin\epsilon \\ \cos\beta\cos\lambda = \cos\delta\cos\alpha \end{cases} \tag{11-2-2}$$

을 이용한다.

예제 11-4 $(\alpha, \delta) = (90°, 23.5°)$의 (λ, β)는? **여기서** $\epsilon = 23.5°$ **이다.**

(11-2-1)에서 $\sin\beta = 0$이기에 $\beta = 0°$이다. (11-2-2)에서 분자는 1.09지만, 분모의 $\cos\alpha$는 $\cos(90°) = 0$이기에 $\tan\lambda = \infty$이다. 따라서 $\lambda = 90°$이다. $(\lambda, \beta) = (90°, 0)$이기에 하지점이다.

b. 황도좌표 (λ, β)를 적도좌표 (α, δ)로 바꾸려면

$$\sin\delta = \sin\beta\cos\epsilon + \cos\beta\sin\epsilon\sin\lambda \tag{11-2-3}$$

$$\tan\alpha = \frac{\sin\lambda\cos\epsilon - \tan\beta\sin\epsilon}{\cos\lambda} \begin{cases} \cos\delta\sin\alpha = \cos\beta\sin\lambda\cos\epsilon - \sin\beta\sin\epsilon \\ \cos\delta\cos\alpha = \cos\beta\cos\lambda \end{cases} \tag{11-2-4}$$

을 이용한다. 특히 황도상의 점을 $(\lambda, 0)$라 하면 (11-2-3, 4)식은 각각

$$\sin\delta = \sin\lambda\sin\epsilon \tag{11-2-5}$$

$$\tan\alpha = \tan\lambda\cos\epsilon \tag{11-2-6}$$

이 된다.

예제 11-5 **하지점** $(\lambda, \beta) = (90°, 0)$**의** (α, δ)**는? 여기서** $\epsilon = 23.5°$**이다.**

(11-1-16)에서 $\sin\delta = \sin\lambda \sin\epsilon$이기에 $\lambda = 90°$이고 $\sin\delta = \sin\epsilon$이기에 $\delta = \epsilon = 23.5°$이다. (11-1-17)에서 $\tan\alpha = \tan\lambda \cos\epsilon$이다. $\tan\lambda = \tan(90°) = \infty$이기에 $\tan\alpha = \infty$이고, $\alpha = 90°$가 된다. 따라서 하지점의 적도좌표는 $(\alpha, \delta) = (90°, 23.5°)$이다.

제12장 아날레마(Analema)

우리는 일상생활에서 적도를 일정하게 운행하는 평균태양을 이용하여 시각을 사용한다. 그러나 지구 궤도가 하늘의 적도와 23;26°기울어져 있고, 지구가 궤도 상을 움직일 때의 속도가 변하기에 실제 태양과 평균 태양 사이에 차이가 생긴다. 이를 '균시차' $\Delta\alpha$라고 하였다. 이는 $\Delta\alpha = \overline{\alpha} - \alpha$이다. 우리는 이미 (7-2)식을 이용하여 균시차를 구했었다. 그런데 (7-4)식에서 $\overline{\lambda}$를 사용해야 하는데 λ를 사용했기에 실제와 조금 차이가 발생한다. 따라서 날짜에 따라 구한 균시차가 더 정확하다고 하였다.

우리는 서기 2500년의 균시차를 구했었다. 서기 2000년 1월 1일 12:00 UT부터 서기 2500년 각 날짜의 12:00 UT까지를 이용하여 Δt를 구한다. 그리고 Δt에 따른 M, $\overline{\lambda}$, q를 계산하여 λ를 구한다. λ를 이용하여 α를 구하고, (7-2)식인 $\Delta\alpha = \overline{\alpha} - \alpha = \lambda - q - \tan^{-1}(\tan\lambda\cos\epsilon)$을 이용하여 $\Delta\alpha$를 구하면 이 값이 2500년의 균시차이다. 이제 적경이 $\overline{\alpha}$인 천체가 남중할 때에 (α, δ)인 천체가 위치하는 (A, a)는 $\Delta\alpha = \overline{\alpha} - \alpha = h$이고 $\delta = \sin^{-1}(\sin\lambda\sin\epsilon)$로 계산되기에 (11-1-1, 2, 3)식을 이용하여 구할 수 있다. [그림 12－1]에 그려진 8자 모양의 루프가 적경이 $\overline{\alpha}$인 평균 태양이 남중할 때 실제 태양의 지평좌표 위치인 (A, a)의 자취를 보여준다.

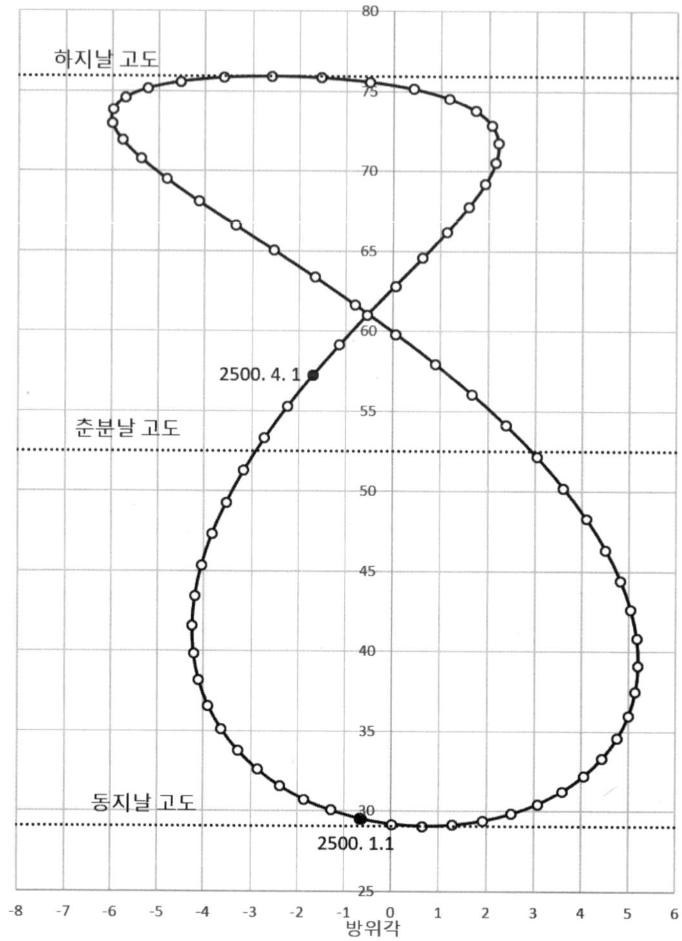

[그림 12-1] 서기 2500년 아날레마

제13장 시차각(parallactic angle)

[그림 11−2]에서 q각에 대해서 알아보자. 앞에서 q를 가감차로 표시했었다. 그러나 여기서는 천구 상에서 고도선과 적위선이 이루는 각이다. 이 각을 '시차각'이라 부른다. 구면삼각형 PZX에서 사인 공식을 이용하고 A를 북쪽 혹은 남쪽을 기준으로 한다면 각각

$$\sin q = \mp \frac{\cos\phi}{\cos\delta} \sin A \tag{13-1}$$

이 된다. 남쪽을 기준으로 하는 방위각에서 $A = 0$이면 $q = 0$이 된다. 즉 자오선을 따라 ↑모양의 천체는 시간이 지남에 따라 $q > 0$이기에 북극을 향했던 화살은 관측자에게는 ↗ 모양으로 관측된다. 남중 전에는 $q < 0$이기에 ↖ 모양으로 관측된다. 예를 들어 $\phi = 37.5°$에서 $\delta = 0°$인 천체가 뜰 때는 $A = \mp 90°$이기에 $\sin q = \mp \cos\phi$가 된다. 따라서 $q = \mp (90° - \phi) = \mp 52.5°$가 된다. 만약 천체가 남중할 때에 ↑모양이라면 떠서 질 때까지 ↖↑↗으로 그 모습이 변할 것이다. [그림 13−1]은 이 경우 시차각의 변화 모습을 보여준다. 고정된 카메라를 이용하여 일식이나 월식 사진을 찍을 때 시간이 지남에 따라 상이 회전하는 것을 보게 된다. 시간이 지남에 따라 시차각이 변하기 때문에 발생하는 현상이다. 경위대식 망원경을 사용하는 경우 같은 현상이 생긴다.

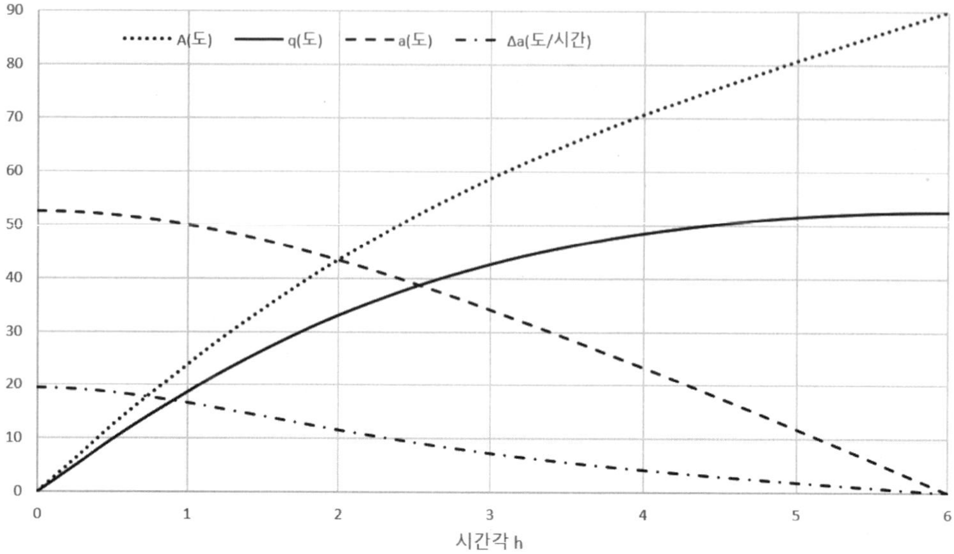

[그림 13-1] $\phi = 37.5°$에서 $\delta = 0°$인 천체의 시간각 h의 변화에 따른 시차각 q의 변화

제14장 남중하는 천체의 고도로부터 황경과 적경 구하기

(11-1-1)식인 $\sin a = \sin\phi\sin\delta + \cos\phi\cos\delta\cos h$에서 $h=0$이면, 즉 α_0인 천체가 남중하면 천체의 고도 a는 $\sin a = \sin\phi\sin\delta + \cos\phi\cos\delta = \cos\{\pm(\phi-\delta)\}$ $= \sin(90° \mp (\phi-\delta))$이다. 그런데 북반구에서는

$$a = 90° - \phi + \delta \tag{14-1}$$

가 된다.

실제 천체의 고도를 측정하여 $a_{관측}$을 얻는다. 이 값에는 두 종류의 시차가 포함되어 있다. 우선 대기 굴절에 의하여 천체의 고도가 높게 관측된다. [그림 8-1]에서 $a_{관측}$에 따라 $\Delta a_{대기굴절}$을 알기에 $a_{관측} - \Delta a_{대기굴절}$로 보정해 준다. 또한 관측자가 지구중심 대신 지구표면에 있기에 $a_{관측}$에 따른 지반경차 $\Delta a_{지반경차}$를 보정해 주어야 한다. 따라서

$$a = a_{관측} - \Delta a_{대기굴절} + \Delta a_{지반경차} \tag{14-2}$$

이 된다. 그러나 관측 고도가 높으면 $a \simeq a_{관측}$이 된다.

천구 북극 근처의 천체를 관측하게 되면 관측자의 위도 ϕ를 알 수 있다. 동지날과 하지날 태양의 고도 관측은 우리가 태양의 직경이 $\delta = \pm\epsilon$이기에 관측 고도에 따른 대기 굴절 시차와 지반경차를 보정하고 관측자의 위도 ϕ를 알기에 적도와 황도의 경사각인 ϵ를 알 수 있다. 이제 남중하는 천체의 고도 $a_{관측}$를 측정하면 굴절시차와 지반경차를 보정하고, ϕ를 알기에 그 천체의 적위 δ를 알 수 있다. 태양의 경우에는 태양이 황도상에 있기에

$$\sin\lambda = \frac{\sin\delta}{\sin\epsilon} \tag{14-5}$$

을 이용하여 태양의 황경을 구할 수 있다. 그런데 (11-1-16)식으로 구하면 황경 λ뿐만 아니라 황경 $(180° - \lambda)$도 적위 δ를 가진다. 따라서

$$\tan\alpha = \tan\lambda\cos\epsilon \tag{14-6}$$

식을 이용하여 α를 구해서 남중하는 천체의 적경을 확인할 필요가 있다.

예제 14-1 위도가 $\phi = 37.5°$인 지역에서 태양이 남중할 때 관측 고도가 $a_{관측} = 75°$이었다. 태양은 황도상에 어디에 있는가?

관측 고도가 75°이기에 대기 굴절 시차와 지반경차는 아주 작다. 따라서 여기서는 이를 무시하고, $a = 75°$로 계산하겠다. (14-1)에서 태양의 적위는 $\delta = 17.5°$가 된다. 이제 (14-5)식에서 우리는 $\lambda_1 = 49;07,32.445°$, $\lambda_2 = 130;52,27.555°$를 얻는다. 이 두 황경 값을 (14-6)에 대입하면 $\alpha_1 = 46;40,23.28°$, $\alpha_2 = 133;19,36.72°$를 얻는다. 우리는 항성시 혹은 관측에 의하여 관측되는 천체의 적경을 대략 알 수 있기에 위에서 구하는 천체의 적경을 정할 수 있다.

천체의 적경이 α_1으로 정해지면 이에 해당하는 천체의 황경은 λ_1이 된다. 만약 이 관측을 2000년에 했다면 앞의 계산을 통해 5월 9일 11:06 UT 근처에 태양이 남중한다. [그림 11－5]와 비교해 보면 시간에 차이가 있다. 위도 $\phi = 37.5112°$와 대기 굴절 시차(24″)와 지반경차(3′)를 반영하여 계산하면 $\lambda = 46;09,39°$가 되고 5월 9일 11:59 UT로 계산되어 나온다. [그림 14－1]에는 12;28 UT인데 이는 동경 135°를 쓰는 평균시로 환산한 UT이다. 동경 126.974°와 동경 135°와의 차이는 32.1분이다. 따라서 12;28-0;32.1＝11;55.9 UT가 된다. 두 시각의 차이는 3.1분인데 아마도 황경을 추보하는데 어림하였기에 오차(error)를 포함하였을 것으로 보인다.

[그림 14-1] $\phi = 37.5112°$, 동경 126.974도, 해발고도 0m에서 2000년 5월 9일 12:28 UT
태양은 고도 70도로 남중하였다.

제15장 낮의 길이

태양이 남중해서 질 때까지의 시간각은 낮의 길이의 반이다. 따라서 (11-1-1)에서 $a=0$이 되는 시간 각을 h_{set}이라 하면

$$\cos h_{set} = -\tan\delta\tan\phi \tag{15-1}$$

이 된다. 따라서 낮의 길이는 $2h_{set}$가 된다. 만약 $\delta > 0$이면 $h_{set} > 90° = 6^h$이고 $\delta < 0$이면 $h_{set} < 90° = 6^h$이다. 또한 $h_{set} = 90° \pm \Delta h$라 하면 먼저 +일 때는 $\cos(90° + \Delta h) = -\sin(\Delta h)$이고 −일 때는 $\cos(90° - \Delta h) = +\sin(\Delta h)$이기에 (15-1)식은 언제나

$$\sin(\Delta h) = \tan\delta\tan\phi \tag{15-2}$$

가 된다. 따라서 낮의 길이는 $12^h + 2\Delta h$가 된다. [그림 15−1]은 위도 30, 40, 60도 지역에서의 낮의 길이를 보여주고 있다. 하지 때에 낮이 가장 길고, 동지 때에 낮이 가장 짧다.

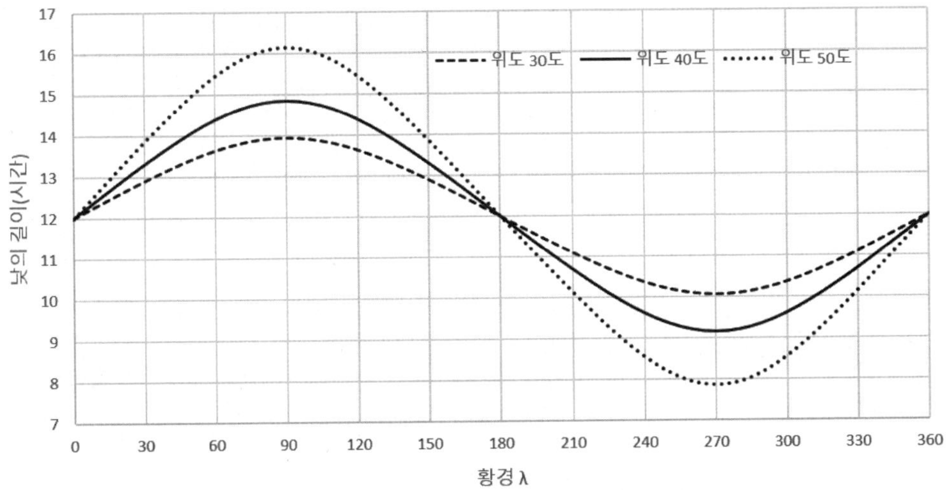

[그림 15-1] 위도에 따른 낮의 길이

태양 적위 δ와 그 지방의 위도 ϕ와의 합이 $90°$가 되는 지방에서는 (15-2)에서 $\sin(\Delta h) = 1$이기에 $\Delta h = 90° = 6^h$이다. 태양은 항상 지평선 위에 있고 지지 않는다. 즉 낮의 길이가 24^h이고 밤은 없다. 더구나 $\phi > 90° - \delta$인 지역에는 밤이 없다. $\delta = 0°$인 경우 $\phi = 90°$인데 태양 중심의 고도가 $0°$이긴 하나 대기굴절에 의하여 떠올라 보여 태양이 거의 지평선에 붙어서 일주운동을 하게 된다. 만약 $\phi = 67°$인 지역에서 하지날 태양의 위도는 $23.5°$이기에 북중하는 고도는 $\delta - (90° - \phi) = 0.5°$되고 남중 고도는 $90° - \phi + \delta = 46.5°$가 된다. 따라서 자정에도 태양이 떠 있다. 이러한 태양을 '한밤중 태양(midnight sun)'이라 한다. [그림 15-2]와 같이 관측될 것이다. 마찬가지로 $\delta < \phi - 90°$이면 낮은 없다.

[그림 15-2] 극지방에서 볼 수 있는 '한밤중 태양'

북반구에서 지평과 적도 사이의 각은 $90° - \phi$가 되는데 천체의 적위가 δ일 때 $\delta \geq 90° - \phi$ 이면 언제나 지평선 위에 떠 있다. 이러한 천체를 '주극성'이라 한다. 이 천체의 남중 고도는 $90° - \phi + \delta$이지만 북중 고도는 $\delta - (90° - \phi)$가 된다. 만약 $\delta \leq \phi - 90°$인 천체는 지평선 위로 떠오르지 않는다. 이러한 천체를 '전몰성'이라 한다. [그림 15-3]에서 위도가 30도인 지역에서는 적위가 60도 이상인 별은 다 보일 것이다. 북극성이 있는 작은 곰 자리의 별들과 용자리의 대부분의 별들은 주극성이다. 그러나 북두칠성의 α별만 주극성이다. 나머지는 '출몰성'이다. 만약 위도가 37.5도인 서울 근방에서는 적위가 52.5도 이상은 주극성이다. 따라서 북두칠성의 대부분의 별들이 주극성이 될 수 있다.

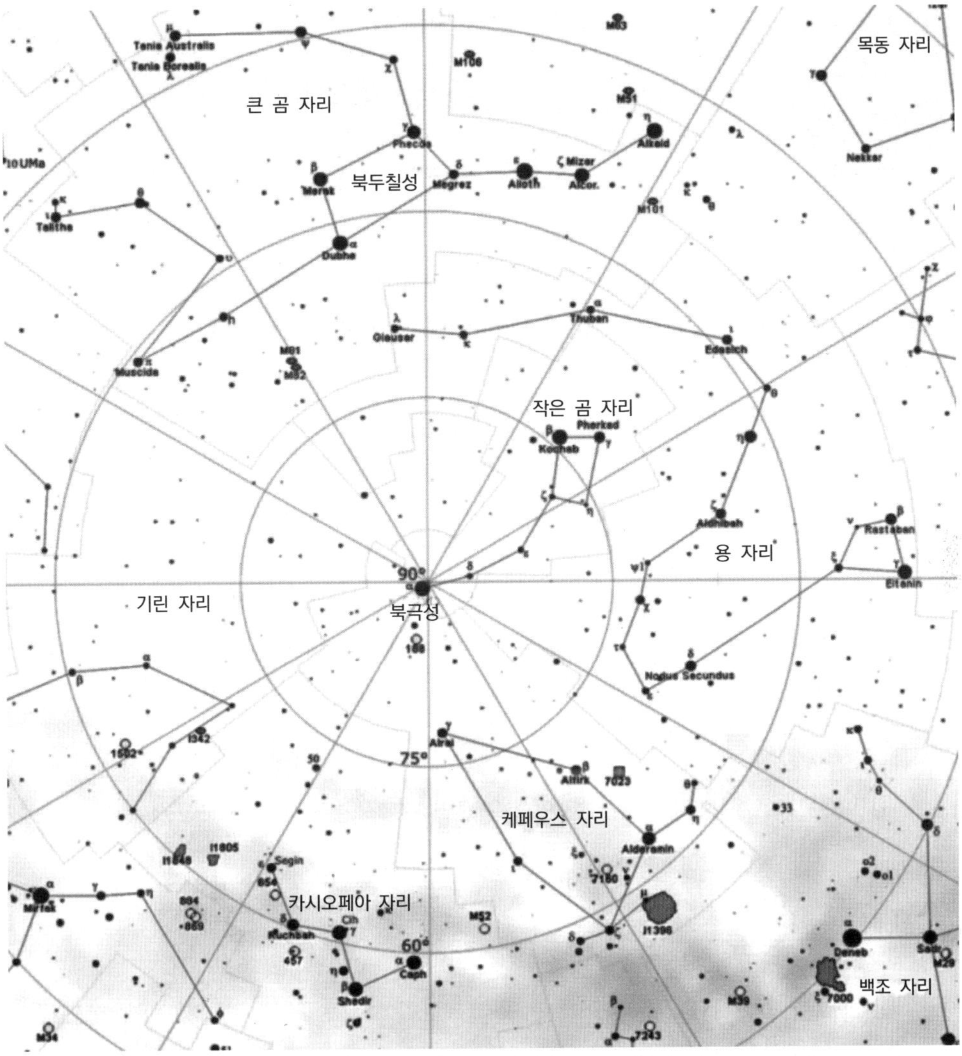
목동 자리
큰 곰 자리
북두칠성
작은 곰 자리
용 자리
기린 자리
90°
북극성
75°
케페우스 자리
카시오페아 자리
60°
백조 자리

[그림 15-3] 주극성

제16장 천구 상에서 황도와 적도

(11-1-8)과 (11-1-13)에 $H=\alpha_0-\alpha$를 대입하여 다시 써보면

$$\sin a=\sin\phi\sin\delta+\cos\phi\cos\delta\cos(\alpha-\alpha_0) \tag{16-1}$$

$$\tan A=\frac{\cos\phi\sin(\alpha-\alpha_0)}{\cos\phi\sin\delta-\sin\phi\cos\delta\cos(\alpha-\alpha_0)} \tag{16-2}$$

가 된다. $\beta=0$ 일 때 $\sin\delta=\sin\lambda\sin\epsilon$, $\tan\alpha=\tan\lambda\cos\epsilon$이기에 이를 (16-1, 2)식에 대입하여 α와 δ를 소거하면

$$\sin a=\cos\phi\cos\lambda\cos\alpha_0+\sin\phi\sin\epsilon\sin\lambda+\cos\phi\cos\epsilon\sin\lambda\sin\alpha_0 \tag{16-3}$$

$$\tan A=\frac{\cos\epsilon\sin\lambda\cos\alpha_0-\cos\lambda\sin\alpha_0}{\cos\phi\sin\epsilon\sin\lambda-\sin\phi\cos\lambda\cos\alpha_0-\sin\phi\cos\epsilon\sin\lambda\sin\alpha_0} \tag{16-4}$$

이 된다. [그림 16−1]은 춘분점이 남중할 때(즉 $\alpha_0=0$일 때), 황도와 적도상의 각 점들에 대한 방위각(A)과 고도(a)를 나타낸다. 위도는 $\phi=37.5°$이고 적도와 황도 사잇각은 $\varepsilon=23°26'$이다.

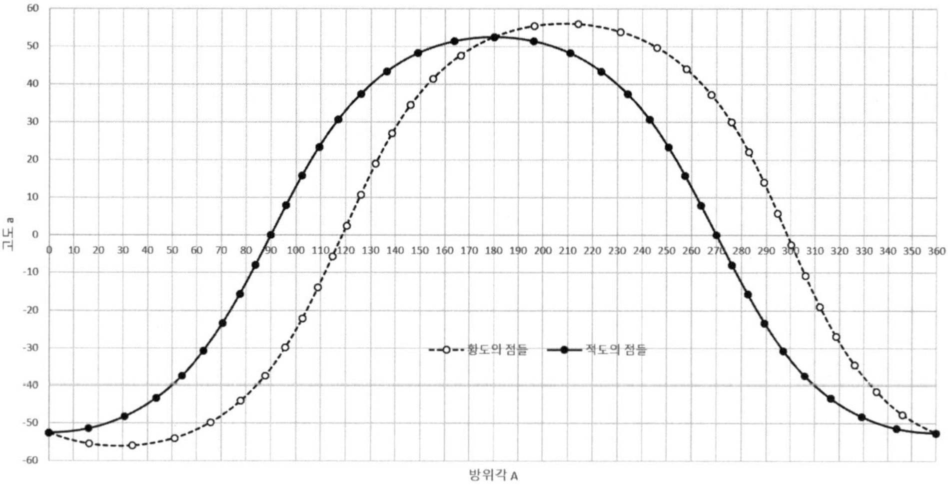

[그림 16-1] 춘분점이 남중할 때 지평좌표로 본 황도와 적도

제17장 황도 상승(ecliptic ascension)

적도상의 점인 $(\alpha, \delta)=(\alpha, 0)$이 뜨고 있을 때, 그 점의 고도는 $a=0$이고, $(\alpha_0, 0)$인 점은 남중하였다고 하자. 그러면 (16-1)에서 $\sin a=\cos\phi\cos(\alpha-\alpha_0)=0$이기에 $\alpha-\alpha_0=90°$가 된다. 이 값을 (16-3)에 대입하면

$$\sin a=\cos\phi\cos\lambda\sin\alpha+\sin\phi\sin\epsilon\sin\lambda-\cos\phi\cos\epsilon\sin\lambda\cos\alpha \qquad (17\text{-}1)$$

이 된다. $a=0$, $da/dt>0$이기에

$$\cos\phi\cos\lambda\sin\alpha+\sin\phi\sin\epsilon\sin\lambda-\cos\phi\cos\epsilon\sin\lambda\cos\alpha=0 \qquad (17\text{-}2)$$

이기에 이를 정리하면

$$\tan\lambda=\frac{\cos\phi\sin\alpha}{\cos\phi\cos\epsilon\cos\alpha-\sin\epsilon\sin\phi} \qquad (17\text{-}3)$$

이 된다. 또한 (17-3)을 정리하면[19)]

---

19) (17-2)식을 정리하면 $\tan\phi\sin\epsilon\sin\lambda=\cos\epsilon\sin\lambda\cos\alpha-\cos\lambda\sin\alpha$가 된다. 이제 $y=\sqrt{\cos^2\epsilon\sin^2\lambda+\cos^2\lambda}=\sqrt{1-\sin^2\epsilon\sin^2\lambda}$라 놓고 위 식을 정리하면, $\tan\phi\sin\epsilon\sin\lambda=y\left(\frac{\cos\epsilon\sin\lambda}{y}\cos\alpha-\frac{\cos\lambda}{y}\sin\alpha\right)$가 된다. $\frac{\cos\epsilon\sin\lambda}{y}=\sin\theta$, $\frac{\cos\lambda}{y}=\cos\theta$라 놓으면 $\tan\phi\sin\epsilon\sin\lambda=y(\sin\theta\cos\alpha-\cos\theta\sin\alpha)=y\sin(\theta-\alpha)$가 된다. 따라서 $\sin(\theta-\alpha)=\frac{\tan\phi\sin\epsilon\sin\lambda}{y}$이고, $\theta-\alpha=\sin^{-1}\left(\frac{\tan\phi\sin\epsilon\sin\lambda}{y}\right)$이고, $\tan\theta=\tan\lambda\cos\epsilon$이기에 이를 정리하면 (14-4)를 얻는다.

$$\alpha = \tan^{-1}(\tan\lambda\cos\epsilon) - \sin^{-1}\left(\frac{\tan\phi\sin\epsilon\sin\lambda}{\sqrt{1-\sin^2\epsilon\sin^2\lambda}}\right) \tag{17-4}$$

을 얻는다. 이 $(\alpha, 0)$ 점의 방위각 A는[20)]

$$\cos A = \frac{\sin\lambda\sin\epsilon}{\cos\phi} \tag{17-5}$$

가 된다.

적도에서는 (14-4)는

$$\alpha = \tan^{-1}(\tan\lambda\cos\epsilon) \tag{17-6}$$

이기에 황도의 λ에 해당하는 점이 떠오를 때에 적도상의 α에 해당하는 점이 떠오르고 이 식은 (11-2-6)식과 동일하다. 영어로 적경이 Right ascension인데 Right는 수직이라는 의미가 있어서 적경을 '수직 상승'이라고 표현하고 있다. 적도에서는 (17-5)가 $\cos A = \sin\lambda\sin\epsilon$이다. 이 값은 $\sin\delta$와 같다. 따라서 $A = 90° - \delta$가 된다. 이는 북쪽 기준이기에 남쪽 기준은 180°에서 이 값을 빼면 $A = 90° + \delta$가 된다.

[표 17-1]은 $\epsilon = 23;51,20°$일 때에 적도와 위도 36도에서 $(\lambda, 0)$가 지평선에서 상승할 때 $(\alpha, 0)$와 $(A, 0)$를 구한 것이다. 《알마게스트》에서 계산한 값과 비교하기 위해서 그 당시 사용했던 ϵ값을 계산에 사용하였다. 적도에서 방위각은 $A = 90° + \delta$임을 확인할 수 있다.

20) Richard Fitzpatrick의 A Modern Almagest에서 (2-43)식을 그대로 가져 왔다.

[표 17-1] $(\lambda, 0)$가 지평선에서 상승할 때 $(\alpha, 0)$와 $(A, 0)$

황도 12궁		λ	황도 상승 적경 α		방위각 A(남쪽 기준)	
황도		황도	적도	위도 36도	적도	위도 36도
	0	0	0	0	90	90
Aries	10	10	9.16082	6.22883	94.02714	94.97998
	20	20	18.41134	12.58730	97.95087	99.84468
	30	30	27.83522	19.20726	101.6666	104.4747
Taurus	10	40	37.50312	26.22335	105.0679	108.7436
	20	50	47.46418	33.76993	108.0480	112.5165
	30	60	57.73652	41.97228	110.5025	115.6537
Gemini	10	70	68.29895	50.93055	112.3363	118.0186
	20	80	79.08738	60.69786	113.4712	119.4926
	30	90	90	71.25933	113.8556	119.9938
Cancer	10	100	100.9126	82.52310	113.4712	119.4926
	20	110	111.7011	94.33265	112.3363	118.0186
	30	120	122.2635	106.4992	110.5025	115.6537
Leo	10	130	132.5358	118.8416	108.0480	112.5165
	20	140	142.4969	131.2171	105.0679	108.7436
	30	150	152.1648	143.5368	101.6666	104.4747
Virgo	10	160	161.5887	155.7646	97.95087	99.84468
	20	170	170.8392	167.9072	94.02714	94.97998
	30	180	180	180	90	90
Libra	10	190	189.1608	192.0928	85.97286	85.02002
	20	200	198.4113	204.2354	82.04913	80.15532
	30	210	207.8352	216.4632	78.33342	75.52528
Scorpius	10	220	217.5031	228.7829	74.93207	71.25643
	20	230	227.4642	241.1584	71.95203	67.48346
	30	240	237.7365	253.5008	69.49748	64.34628
Sagitarius	10	250	248.2989	265.6673	67.66371	61.98143
	20	260	259.0874	277.4769	66.52880	60.50740
	30	270	270	288.7407	66.14444	60.00623
Capricornus	10	280	280.9126	299.3021	66.52880	60.50740
	20	290	291.7011	309.0695	67.66371	61.98143
	30	300	302.2635	318.0277	69.49748	64.34628
Aquarius	10	310	312.5358	326.2301	71.95203	67.48346
	20	320	322.4969	333.7767	74.93207	71.25643
	30	330	332.1648	340.7927	78.33342	75.52528
Pieces	10	340	341.5887	347.4127	82.04913	80.15532
	20	350	350.8392	353.7712	85.97286	85.02002
	30	360	360	360	90	90

제 3 부

《알마게스트》의 구면삼각법을 이용한 여러 계산

제18장 《알마게스트》 방법으로 수직행구(Sphaera Recta)에서 상승 시간 계산

프톨레마이오스는 《알마게스트》 1권 에서 [그림 18－1]을 제시하면서 수직행구에서 $(\lambda, 0)$에 해당하는 (α, δ)를 구하고 있다. 17장의 (17-4)식에서 적도인 $\phi = 0°$ 경우에 해당한다. 여기서는 예전에 이를 어떻게 구하였는지 알아보자.

[그림 18－2][21]는 [그림 18－1]을 현대적 시각으로 다시 그린 것이다. AEG가 적도이고, BED는 황도이다. Z는 북극인데 적도에서는 지평면에 있다. 따라서 ZH Θ는 지평면이다. 지금 H점이 떠오르고 있다. E는 춘분점이다. 따라서 $\overline{HE} = \lambda$, $\widehat{AB} = \epsilon$, $\widehat{H\Theta} = \delta$가 된다. 구면에서의 코드(Chord) 공식인 Menelaus Theorem[22]을 이용하면,

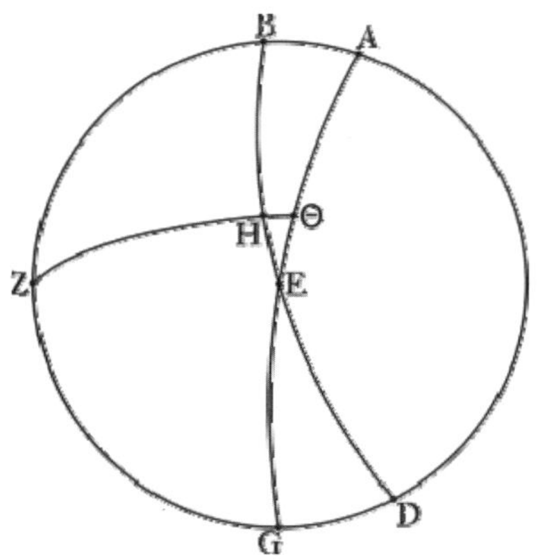

[그림 18-1] 《알마게스트》의 수직행구

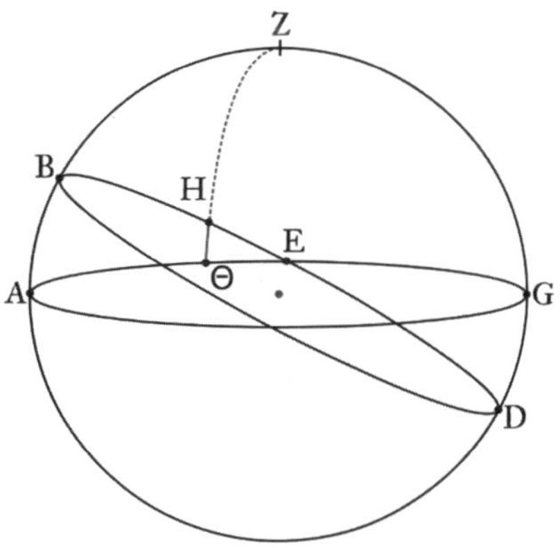

[그림 18-2] 현대적인 그림

21) https://jonvoisey.net/blog/2018/06/almagest-book-i-the-arcs-between-the-equator-and-ecliptic/에서 가져옴

22) 프톨레마이오스는 《알마게스트》 1권에서 코드식 즉 원의 호에서 호가 원의 중심과 이루는 각을 2θ라 할 때, 호를 이루는 두 점 사이의 거리는 원의 반지름이 1 일 때, $2\sin\theta$가 되는데 이를 $Crd(2\theta)$로 표시하였다. 그리고 모든 각에 대한 코드값을 표로 구하였다. 2권에서는 평면 기하학을 이용하여 삼각함수식을 만들고 이를 이용하여 구면에서의 삼각함수식을 유도하였다. 현대에서는 이 식을 Menelaus Theorem이라 부른다.

$$\frac{Crd\,2\,\widehat{ZA}}{Crd\,2\widehat{AB}} = \frac{Crd\,2\widehat{\Theta Z}}{Crd\,2\widehat{\Theta H}} \cdot \frac{Crd\,2\,\widehat{HE}}{Crd\,2\widehat{EB}} \tag{18-1}$$

이 되는데 이를 삼각함수 식으로 바꾸면 $\frac{1}{\sin\epsilon} = \frac{1}{\sin\delta} \cdot \frac{\sin\lambda}{1}$이 되어

$$\sin\delta = \sin\lambda\sin\epsilon \tag{18-2}$$

를 얻는다. 이제 또 다른 [MT] 공식을 이용하면

$$\frac{Crd\,2\,\widehat{ZB}}{Crd\,2\widehat{AB}} = \frac{Crd\,2\,\widehat{HZ}}{Crd\,2\widehat{\Theta H}} \cdot \frac{Crd\,2\widehat{\Theta E}}{Crd\,2\widehat{EA}} \tag{18-3}$$

이 되고, 이를 삼각함수 식으로 바꾸면 $\frac{\cos\epsilon}{\sin\epsilon} = \frac{\cos\delta}{\sin\delta} \cdot \frac{\sin\alpha}{1}$이 되어

$$\sin\alpha = \frac{\tan\delta}{\tan\epsilon} \tag{18-4}$$

가 된다. 이러한 방법으로 적도에서 $(\lambda, 0)$가 지평선에서 상승할 때 (α, δ)를 구했다([표 18−1] 참조). 적위 δ는 (18-2)식으로 구하기는 하지만 지평면 상의 각으로 90°+δ는 남쪽에서 잰 방위각이 된다.

[표 18-1] 적도에서 $(\lambda, 0)$가 지평선에서 상승할 때

황도 12궁		λ	δ	α	각 황도궁의 상승시간
Aries	10	10	4.027136	9.160822	27.8352
	20	20	7.950874	18.41134	
	30	30	11.66658	27.83522	
Taurus	10	40	15.06793	37.50312	29.9013
	20	50	18.04797	47.46418	
	30	60	20.50252	57.73652	
Gemini	10	70	22.33629	68.29895	32.2635
	20	80	23.4712	79.08738	
	30	90	23.85556	90	
Cancer	10	100	23.4712	100.9126	32.2635
	20	110	22.33629	111.7011	
	30	120	20.50252	122.2635	
Leo	10	130	18.04797	132.5358	29.9013
	20	140	15.06793	142.4969	
	30	150	11.66658	152.1648	
Virgo	10	160	7.950874	161.5887	27.8352
	20	170	4.027136	170.8392	
	30	180	0	180	
Libra	10	190	-4.02714	189.1608	27.8352
	20	200	-7.95087	198.4113	
	30	210	-11.6666	207.8352	
Scorpius	10	220	-15.0679	217.5031	29.9013
	20	230	-18.048	227.4642	
	30	240	-20.5025	237.7365	
Sagittarius	10	250	-22.3363	248.2989	32.2635
	20	260	-23.4712	259.0874	
	30	270	-23.8556	270	
Capricornus	10	280	-23.4712	280.9126	32.2635
	20	290	-22.3363	291.7011	
	30	300	-20.5025	302.2635	
Aquarius	10	310	-18.048	312.5358	29.9013
	20	320	-15.0679	322.4969	
	30	330	-11.6666	332.1648	
Pieces	10	340	-7.95087	341.5887	27.8352
	20	350	-4.02714	350.8392	
	30	360	0	360	

제19장 《알마게스트》 방법으로 경사행구(sphaera obliqua)에서 상승 시간 계산

《알마게스트》 2권에서는 경사행구(sphaera obliqua)에서 $(\lambda, 0)$가 지평선에서 상승할 때 상승 시간인 $(\alpha, 0)$를 다음과 같이 계산하고 있다.

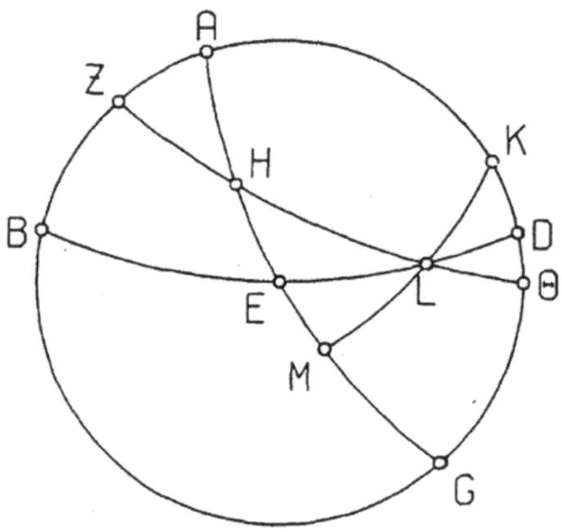

[그림 19-1] 《알마게스트》의 경사행구

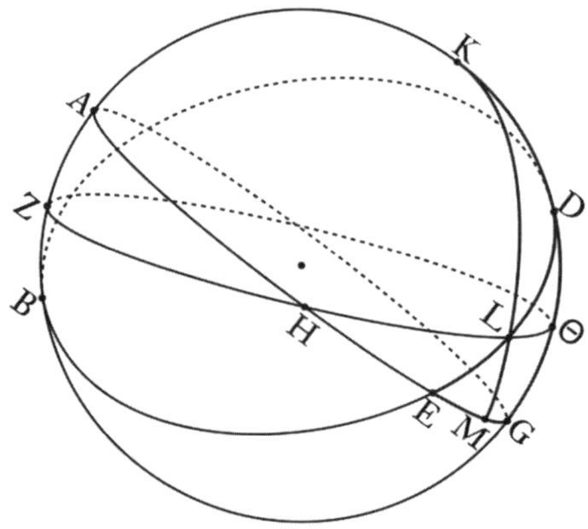

[그림 19-2] 현대적인 그림

[그림 19－2][23]에서 AHEMG는 적도, ZHLΘ는 황도, BELD는 지평면이다. 점 K는 하늘의 북극이다. 여기서 호$KD = \phi$(위도)이고, 호 $HL = \lambda$(황경), 호$LM = \delta$(황경 HL에 해당하는 적위)이다. [MTII]를 이용하면,

$$\frac{Crd\,2\,\widehat{KD}}{Crd\,2\,\widehat{DG}} = \frac{Crd\,2\,\widehat{KL}}{Crd\,2\,\widehat{LM}} \cdot \frac{Crd\,2\,\widehat{ME}}{Crd\,2\,\widehat{EG}} \tag{19-1}$$

23) https://jonvoisey.net/blog/2018/10/almagest-book-ii-calculation-of-rising-times-at-sphaera-obliqua/에서 가져옴

이 되는데, 호 $EM=\Delta\alpha$라 하면, (19−1)식은 $\frac{\sin\phi}{\cos\phi}=\frac{\cos\delta}{\sin\delta}\cdot\frac{\sin\Delta\alpha}{1}$이 된다. 이를 정리하면,

$$\sin\Delta\alpha=\tan\phi\tan\delta \quad (19\text{-}2)$$

가 되는데, 호 $HM=\alpha$(황경 HL에 해당하는 적경)이기에

$$호\ HE=\alpha-\Delta\alpha \quad (19\text{-}3)$$

이 호 HE가 상승 시간(rising time)이 된다. 적도에서는 (19-2)식에서 $\Delta\alpha=0$이기에 (18-4)에서 상승시간인 α와 같다. (14-6)식은 황도 상의 $(\lambda,0)$가 뜰 때 지평선과 만나는 적도상의 점의 적경 α를 구한 것이다. 따라서 이 값은 (18-3)식의 호 HE와 같다. (18-3)식의 α는 황도 상의 $(\lambda,0)$에 해당하는 적경이다. 따라서 $\alpha=\tan^{-1}(\tan\lambda\cos\epsilon)$이 된다. 그리고 (18-2)식에서 $\sin\delta=\sin\lambda\sin\epsilon$이기에 $\tan\delta=\frac{\sin\lambda\sin\epsilon}{\sqrt{1-\sin^2\lambda\sin^2\epsilon}}$가 된다. 따라서 (19-3)식은

$$호\ HE=\tan^{-1}(\tan\lambda\cos\epsilon)-\sin^{-1}\left(\frac{\tan\phi\sin\epsilon\sin\lambda}{\sqrt{1-\sin^2\epsilon\sin^2\lambda}}\right) \quad (19\text{-}4)$$

가 된다. (17-4)식과 같은 식이 유도 되었다.

《알마게스트》 2권에서는 백양자리(Aries)가 위도 36°인 지역에서 상승 시간을 계산하였다. 백양자리는 $0°\le\lambda\le30°$에 있기에 $\lambda=30°$에 해당하는 적위와 적경은 $\delta=11;27,19°$, $\alpha=27;50,7°$를 얻는다, 이 값을 (19-2)에 대입하면, $\Delta\alpha=8;37,56°$을 얻는다. 따라서 이 지역에서 뜨는 시간은 $\alpha-\Delta\alpha=19;12,11°$를 얻는다. 물고기자리(Pisces)의 상승 시간도 같다. 백양자리와 물고기 자리 반대편에 있는 처녀자리(Virgo), 천칭자리(Libra)의 뜨는 시간은 (19-3)식을 이용하면

$\alpha + \Delta\alpha = 36;28,2°$가 된다.

황소자리(Taurus)가 뜨는 시간도 같은 방법으로 얻을 수 있다. 황소자리는 $30° \leq \lambda \leq 60°$에 있기에 $\lambda = 60°$에 해당하는 $\delta = 20;30,09°$, $\alpha = 57;44,11°$를 얻는다. 이 값을 (19-2)에 대입하면, $\Delta\alpha = 15;45,51°$을 얻는다. 따라서 이 지역에서 뜨는 시간은 $\alpha - \Delta\alpha = 41;58,20°$을 얻는다. 따라서 황소자리만 뜨는 시간은 22;46.9°(=41;58,20° − 19;12,11°)이 된다. 물병자리(Aquarius)의 뜨는 시간도 이 값과 같다. 그러나 사자자리(Leo)와 전갈자리(Scorpio)의 경우는 $\alpha + \Delta\alpha = 73;30,3°$인데, 이 값에서 처녀자리 혹은 천칭자리의 뜨는 시간인 36;28,2° 빼주면, 사자자리만 혹은 전갈자리만 뜨는 시간은 37;2,1°가 된다.

또한 위도 36° 지역에서는 가장 긴 낮의 길이는 14.5시간, 이 때의 밤의 길이는 9.5시간이다. 따라서 게자리(Cancer)에서 궁수자리(Sagittarius)까지 뜨는 시간은 14.5×15=217.5°, 염소자리(Capricorn)부터 쌍둥이자리(Gemini)까지 뜨는 시간은 9.5×15=142.5°이다([그림 19−3][24] 참조). 따라서 양자리(Aries)에서 쌍둥이자리(Gemini)까지 뜨는 시간은 142.5/2=71.25°=71;15°이다. 따라서 이 값에서 앞에서 구한 19;12°, 22;46° 두 값을 빼면 29;17°를 얻는다. 이 값은 염소자리(Capricornus)가 뜨는 시간과 같다. 게자리에서 처녀자리까지 뜨는 시간은 217.5/2 =108.75=108;45°이다. 따라서 이 값에서 앞에서 구한 36;28°, 37;2°를 빼면, 35;15°이 되는데, 이 값이 게자리(Cancer)와 궁수자리(Sagitarius)가 뜨는 시간이다.

이런 방식으로 계산할 수 있는 것은 (19-2)식이 (15-2)와 같기 때문이다. 위의 계산의 결과를 [표 19−1]에서 확인할 수 있다.

---

24) https://jonvoisey.net/blog/2018/11/almagest-book-ii-calculation-of-rising-times-at-sphaera-obliqua-for-remaining-arcs/에서 가져옴

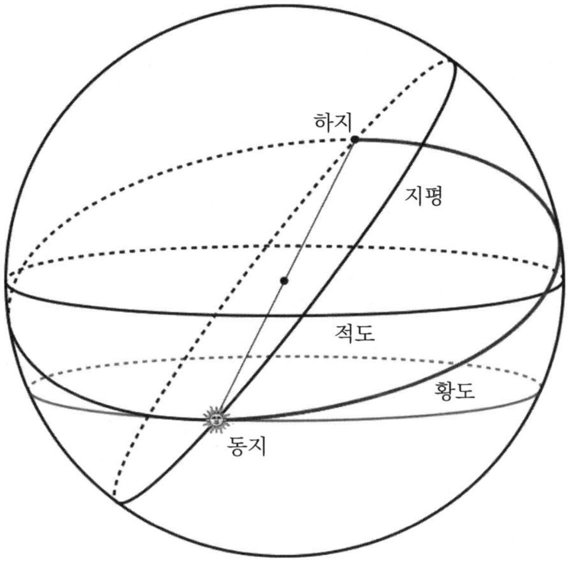

[그림 19-3] 궁수자리 0도는 동지점, 게자리 0도는 하지점.

[표 19-1] 위도 36도인 지역에서 각 황경에 따른 상승시간

황도 12궁		λ	지평선에서 뜨는 적경	각 황도궁의 상승시간
Aries	10	10	6.228829	19.20726
	20	20	12.5873	
	30	30	19.20726	
Taurus	10	40	26.22335	22.76502
	20	50	33.76993	
	30	60	41.97228	
Gemini	10	70	50.93055	29.28704
	20	80	60.69786	
	30	90	71.25933	
Cancer	10	100	82.5231	35.23992
	20	110	94.33265	
	30	120	106.4992	
Leo	10	130	118.8416	37.03757
	20	140	131.2171	
	30	150	143.5368	
Virgo	10	160	155.7646	36.46318
	20	170	167.9072	
	30	180	180	
Libra	10	190	192.0928	36.46318
	20	200	204.2354	
	30	210	216.4632	
Scorpius	10	220	228.7829	37.03757
	20	230	241.1584	
	30	240	253.5008	
Sagittarius	10	250	265.6673	35.23992
	20	260	277.4769	
	30	270	288.7407	
Capricornus	10	280	299.3021	29.28704
	20	290	309.0695	
	30	300	318.0277	
Aquarius	10	310	326.2301	22.76502
	20	320	333.7767	
	30	330	340.7927	
Pieces	10	340	347.4127	19.20726
	20	350	353.7712	
	30	360	360	

제20장 상승 차이(Ascensional Difference)와 경사행구(sphaera obliqua)에서 뜨는 시간 계산

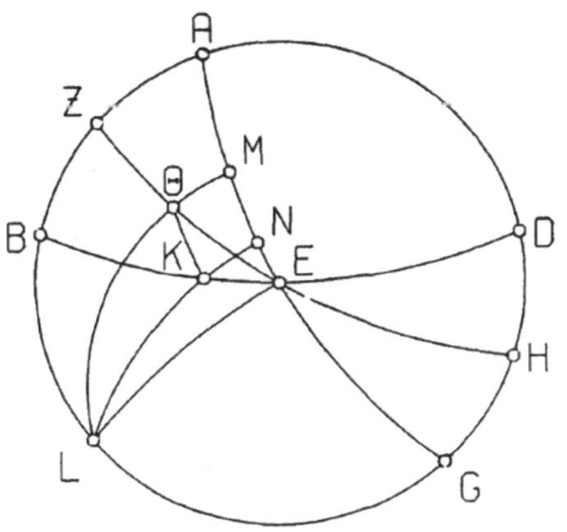

[그림 20-1] 《알마게스트》 그림

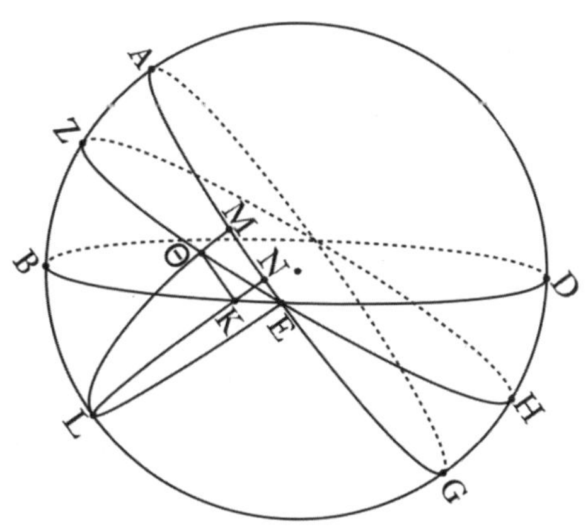

[그림 20-2] 현대적인 그림

[그림 20 – 2][25]에서 E는 춘분점으로 지평선 BED에 있고, AEG, ZEH는 각각 적도, 황도를 가리킨다. [그림 20 – 2]에서 보면 수직행구(sphaera recta)의 적도에서 황도상의 호 $E\Theta$는 적도상의 EM과 함께, 그리고 경사행구(sphaera obliqua)에서는 NM과 함께 뜬다. 경사행구에서 호 $E\Theta$가 뜨는 동안, 호 KΘ는 적도와 평행한 소원의 호이기에 적도상의 호 NM과 닮았는데, 닮은 평행한 소원의 모든 호는 어디에서나 같은 시간에 뜬다. 그렇기에 호 EN은 호 $E\Theta$가 뜨는 동안 수직행구와 경사행구에서의 차이가 된다. 남극 L에서 Θ, K, E를 지나는 대원 $L\Theta K$, LKN, LE를 그릴 수 있다.

25) https://jonvoisey.net/blog/2018/12/almagest-book-ii-ascensional-difference/에서 가져옴

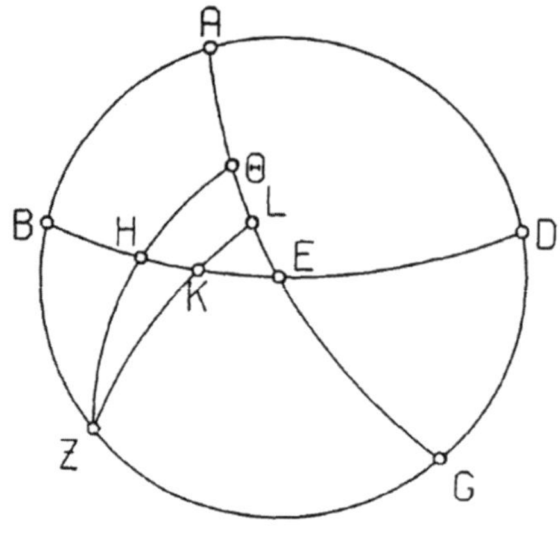

[그림 20-3] 《알마게스트》 그림

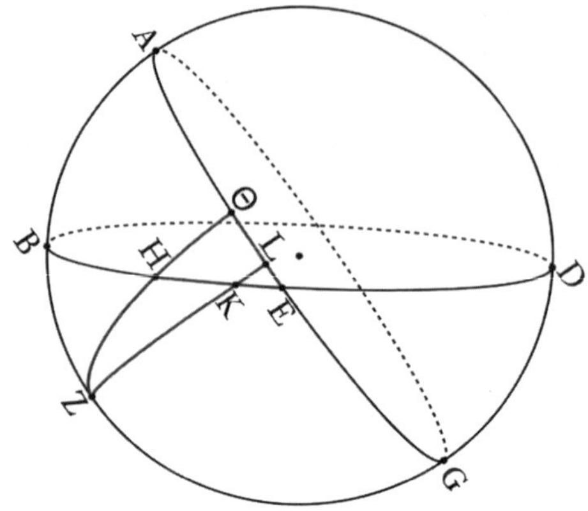

[그림 20-4] 현대적인 그림

[그림 20－2]를 [그림 20－4][26]에 다시 그렸다. 여기서 Z는 하늘의 남극이고, H는 동지점이다. 따라서 호 $H\Theta = \epsilon$(황적교각)이 된다. 점 K는 천체가 있는 위치인데 호 $KL = \delta$(적위)가 된다. 그리고 [MTII]를 이용하면,

$$\frac{Crd\,2\,\widehat{\Theta H}}{Crd\,2\,\widehat{ZH}} = \frac{Crd\,2\,\widehat{\Theta E}}{Crd\,2\,\widehat{EL}} \cdot \frac{Crd\,2\,\widehat{KL}}{Crd\,2\,\widehat{KZ}} \tag{20-1}$$

이 된다. 이 식은 $\frac{\sin\epsilon}{\cos\epsilon} = \frac{\sin\delta}{\cos\delta} \cdot \frac{\sin(\Theta E)}{\sin(EL)}$이 되는데, 이를 정리하면

$$\frac{\sin(\Theta E)}{\sin(EL)} = \frac{\tan\epsilon}{\tan\delta} \tag{20-2}$$

이 된다. 이 식의 오른쪽 항의 값은 모든 위도 상에서 동일하다. 그런데 호 $E\Theta = \theta$고, 하지날 낮의 길이를 시간단위로 l이라 하면, 위 (15-1)식에서 $h_{set} = \frac{\ell}{2} \cdot 15 = 7.5\ell$이기에 $\cos(7.5l) = -\tan\phi\tan\delta$가 된다. $7.5l = 90° + \Delta h$, $\delta = \epsilon$이기에, $\sin(\Delta h) = \tan\phi\tan\delta$가 된다. 그런데 $\widehat{\Theta H} = \Delta h$

26) https://jonvoisey.net/blog/2018/12/almagest-book-ii-calculation-of-rising-times-at-sphaera-obliqua-for-10o-arcs/에서 가져옴

$$\sin(\widehat{\Theta E}) = \sin \Delta h = \tan\phi\tan\epsilon \qquad (20\text{-}3)$$

이 된다. 따라서 (15-2)식은

$$\sin(\widehat{EL}) = \tan\delta\tan\phi \qquad (20\text{-}4)$$

이다. $\widehat{EL}$ 은 수직행구에서 황경 10°마다 뜨는 시간인 황경에 대한 적경과의 적경 차이가 된다. 황경 λ 에 대한 적경 α는 $\tan\alpha = \tan\lambda\cos\epsilon$ 식을 이용하여 구할 수 있다. 따라서

$$\widehat{L\Theta} = \alpha - \widehat{EL} \qquad (20\text{-}5)$$

이 되고, 10°마다 뜨는 시간은 (20-5)을 이용하여 황경에 따라 구한 값에서 10°마다 그 차이를 구하면 된다. 이러한 방법으로 위도 ϕ=36° 지역에서 매 10°마다 뜨는 시간을 구하여 [표 20－1]에 정리하였다. 《알마게스트》에 제시된 값과 일치한다.

[표 20-1] 위도 ϕ=36°인 지역에서 황경 10°간격으로 뜨는 시간
($\epsilon = 23;51.20°$, $\sin(\widehat{\Theta E}) = \tan\phi\tan\epsilon = 0.32129$)

λ	δ	tanε/tanδ	sin(EL)	EL	α	LΘ = α−EL	10°마다 뜨는 시간
10	4.027136	6.28116	0.05115	2;56	9.16082	6.22883	6;14
20	7.950874	3.16619	0.10147	5;49	18.41134	12.58730	6;22
30	11.66658	2.14165	0.15002	8;38	27.83522	19.20726	6;37
40	15.06793	1.64256	0.19560	11;17	37.50312	26.22335	7;01
50	18.04797	1.35712	0.23674	13;42	47.46418	33.76993	7;33
60	20.50252	1.18259	0.27168	15;46	57.73652	41.97228	8;12
70	22.33629	1.07628	0.29851	17;22	68.29895	50.93055	8;57
80	23.4712	1.01842	0.31548	18;23	79.08738	60.69786	9;46
90	23.85556	1.00000	0.32129	18;44	90	71.25933	10;34

1) 동쪽 지평선에 λ에 위치한 태양이 떠오르면 그 때 태양 위치에 해당하는 적경이 $\alpha-\Delta\alpha$라 하자. 여기서 α와 $\Delta\alpha$는

$$\tan\alpha = \tan\lambda\cos\varepsilon \tag{20-6-1}$$

$$\sin\delta = \sin\lambda\sin\varepsilon \tag{20-6-2}$$

$$\sin(\Delta\alpha) = \tan\delta\tan\phi \tag{20-6-3}$$

로 계산 가능하다 그런데 $\lambda+180°$ 위치가 떠오를 때의 적경의 위치는 (20-6-2)에서 δ가 $-\delta$가 되고 (20-6-3)에서 $\Delta\alpha$는 $-\Delta\alpha$가 되기에 $\alpha+180°+\Delta\alpha$가 된다. 따라서 태양이 λ에 위치할 때에 $\lambda+180°$에 해당하는 $\alpha+180°+\Delta\alpha$에서 λ에 해당하는 $\alpha-\Delta\alpha$를 빼주면 $180°+2\Delta\alpha$가 낮의 길이에 해당하는 각도이다. 낮의 길이를 12 계절시간[27]이라 하면 1 계절시간은

$$\frac{180°+2\Delta\alpha}{12} = 15°+\frac{\Delta\alpha}{6} = 1^h+\left(\frac{\Delta\alpha}{90}\right)^h \text{평분시간} \tag{20-6-4}$$

이 된다.

2) 어떤 자구 상의 위치(위도가 주어짐)에서 만약 어떤 날, 낮의 길이를 알면 1 계절시간에 해당하는 평분시간을 알게 된다. 낮의 길이에 따라 태양이 황도상에 어디에 있는지 알 수 있다. 즉 (20-6-4)식을 통해 $\Delta\alpha$를 안다. (20-6-3)과 (20-6-2)에서 태양이 현재 황도상에 어느 위치인 λ를 알 수 있다. 이 λ에 해당하는 떠오르는 적경의 위치는 $\alpha-\Delta\alpha$이다. 이 날에 태양이 떠오를 때의 시각을 h라 하자. 그러면 $h+\Delta h$ 때에는 적경이 $\alpha-\Delta\alpha+15\Delta h$에 해당하는 황도의 위치($\lambda'$)가 떠오를 것이다.

---

27) '평분시간'이란 하루를 24로 나눈 시간으로 우리가 쓰는 시간과 같다. 그런데 '계절시간'이란 평분시간과 달리 낮의 길이를 12로 나누어 사용하고, 밤의 길이를 12로 나누어 사용한다. 따라서 하지 때 낮의 1 계절시간은 밤의 1 계절시간보다 실제로 길다.

제21장 황도와 자오선 사이의 각도 계산

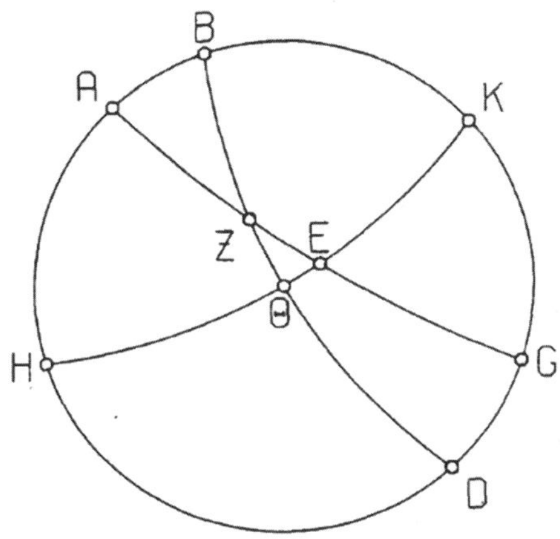

[그림 21-1] 《알마게스트》 그림

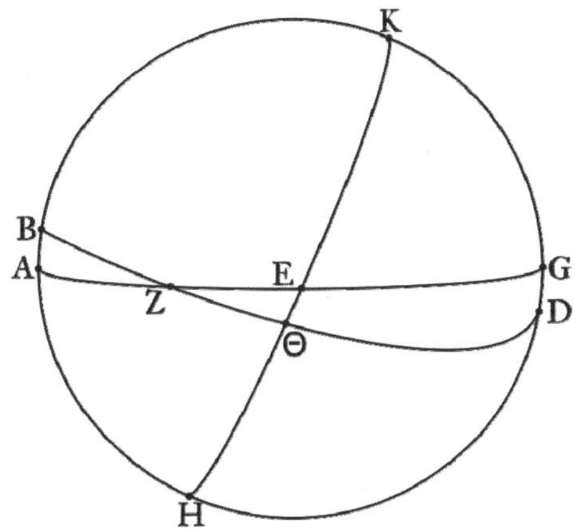

[그림 21-2] 현대적인 그림

[그림 21－2][28]에서 $B\Theta D$는 황도, AEG는 적도이다. Z는 추분점이다. $H\Theta EK$는 점 B를 극으로 하는 대원이다. 점 A는 자오선상에 위치한다. 호 $BZ=\Delta\lambda$라 하면 이에 해당하는 호는 호 $BA=\delta$이다. [MTII]에 의하면,

$$\frac{Crd호2BA}{Crd호2AH}=\frac{Crd호2BZ}{Crd호2\Theta Z}\cdot\frac{Crd호2\Theta E}{Crd호2EH} \tag{21-1}$$

이 된다. 이 식은 $\frac{\sin\delta}{\cos\delta}=\frac{\sin\Delta\lambda}{\cos\Delta\lambda}\cdot\frac{\sin(E\Theta)}{1}$가 되기에

28) https://jonvoisey.net/blog/2019/02/almagest-book-ii-angle-between-ecliptic-and-meridian-angle-calculations/에서 가져옴

$$\sin(E\Theta) = \frac{\tan\delta}{\tan\Delta\lambda} \tag{21-2}$$

가 된다. 따라서

$$\angle KB\Theta = \text{호 } K\Theta = 90° + \text{호 } E\Theta \tag{21-3}$$

이 된다. $(\lambda, 0)$가 자오선에 위치할 때 자오선과 황도가 이루는 각에 대한 계산 결과를 [표 21−1]에 정리하였다.

[표 21-1] $(\lambda, 0)$**가 자오선에 위치할 때 자오선과 황도가 이루는 각**

$\Delta\lambda$	A 점의 황경	δ	$\sin(\widehat{E\Theta})$	$\widehat{E\Theta}$	$90° + \widehat{E\Theta}$
0	180	0	0.404432	23.85556	113.8556
10	170	4.027136	0.399274	23.53279	113.5328
20	160	7.950874	0.383731	22.56497	112.565
30	150	11.66658	0.357637	20.95515	110.9552
40	140	15.06793	0.320844	18.71399	108.714
50	130	18.04797	0.273417	15.86769	105.8677
60	120	20.50252	0.215891	12.46783	102.4678
70	110	22.33629	0.149544	8.600526	98.60053
80	100	23.47120	0.076564	4.391079	94.39108
90	90	23.85556	0	0	90
100	80	23.47120	-0.07656	-4.39108	85.60892
110	70	22.33629	-0.14954	-8.60053	81.39947
120	60	20.50252	-0.21589	-12.4678	77.53217
130	50	18.04797	-0.27342	-15.8677	74.13231
140	40	15.06793	-0.32084	-18.714	71.28601
150	30	11.66658	-0.35764	-20.9552	69.04485
160	20	7.950874	-0.38373	-22.565	67.43503
170	10	4.027136	-0.39927	-23.5328	66.46721
180	0	0	-0.40443	-23.8556	66.14444
190	350	-4.02714	-0.39927	-23.5328	66.46721
200	340	-7.95087	-0.38373	-22.565	67.43503
210	330	-11.6666	-0.35764	-20.9552	69.04485
220	320	-15.0679	-0.32084	-18.714	71.28601
230	310	-18.0480	-0.27342	-15.8677	74.13231
240	300	-20.5025	-0.21589	-12.4678	77.53217
250	290	-22.3363	-0.14954	-8.60053	81.39947
260	280	-23.4712	-0.07656	-4.39108	85.60892
270	270	-23.8556	-0	0	90
280	260	-23.4712	0.076564	4.391079	94.39108
290	250	-22.3363	0.149544	8.600526	98.60053
300	240	-20.5025	0.215891	12.46783	102.4678
310	230	-18.0480	0.273417	15.86769	105.8677
320	220	-15.0679	0.320844	18.71399	108.714
330	210	-11.6666	0.357637	20.95515	110.9552
340	200	-7.95087	0.383731	22.56497	112.565
350	190	-4.02714	0.399274	23.53279	113.5328
360	180	0	0.404432	23.85556	113.8556

제22장 황도와 지평선 사이의 각도 계산

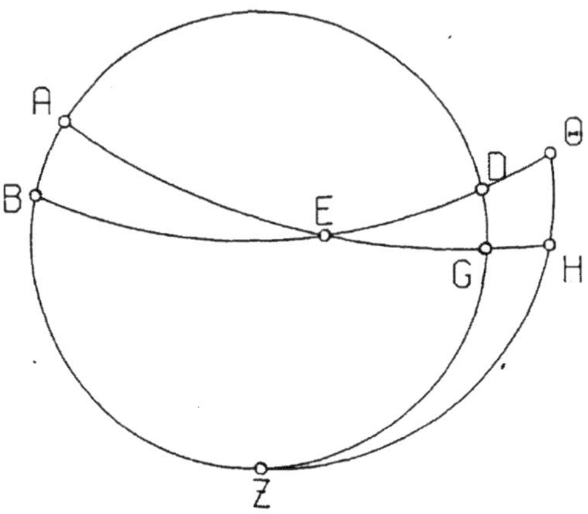

[그림 22-1] 《알마게스트》 그림

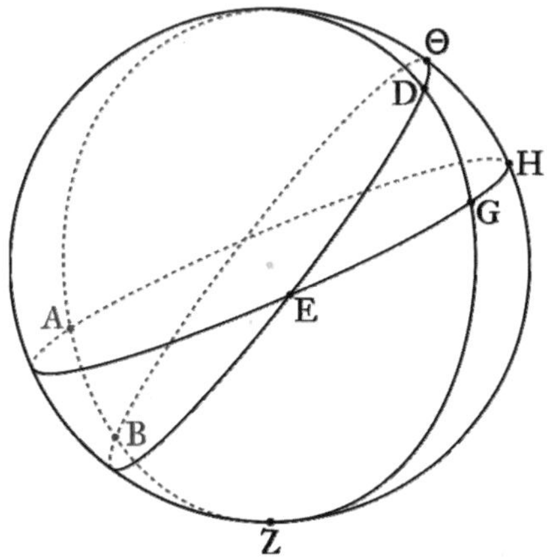

[그림 22-2] 현대적인 그림

[그림 22－2][29]에서 AEGH, BEDΘ는 각각 황도, 지평선이다. Z는 지평선의 극이다. E 위치를 황도 상에서 황경 λ에 해당한다고 하자. 이에 해당하는 α와 δ는 $\tan\alpha = \tan\lambda\cos\epsilon$, $\sin\delta = \sin\lambda\sin\epsilon$로 구할 수 있다. 이제 (20-4)식인 $\sin(EL) = \tan\delta\tan\phi$과 (20-5)식인 $L\Theta = \alpha - EL$을 이용하여 위도 ϕ에서 뜨는 시간인 호$L\Theta$를 구한다. 이에 대한 lower culmination은 호$L\Theta + 90°$에 위치해 있는데 이는 G의 적경 α_G이다. 이를 이용해서 λ_G 와 $\delta(\lambda_G)$를 구한다. 그러면 호$GZ = \delta(\lambda_G) + \phi$, 호$EG = \lambda_G - \lambda$,

호$DG = 90° -$ 호$GZ = 90° - \delta(\lambda_G) - \phi$가 된다.

이제 [그림 22－1]에서 [MTI]을 이용하면

29) https://jonvoisey.net/blog/2019/03/almagest-book-ii-angle-between-ecliptic-and-horizon-calculations/에서 가져옴

$$\frac{Grd호2GD}{Crd호2DZ} = \frac{Grd호2EG}{Crd호2EH} \cdot \frac{Grd호2H\Theta}{Crd호2Z\Theta} \tag{22-1}$$

이 되는데, 호DZ= 호EH= 호$Z\Theta = 90°$이기에 (22-1)식을 요즘 식으로 바꾸면,

$$\sin(H\Theta) = \frac{\sin(GD)}{\sin(EG)} = \frac{\cos(\delta(\lambda_G) + \phi)}{\sin(\lambda_G - \lambda)} \tag{22-2}$$

이 된다. 이를 이용하여 호$H\Theta$를 구할 수 있다. [표 22−1]은 $\phi = 36°$, $\lambda = 30°$일 때, 호$H\Theta$를 구하기 위한 계산을 보여준다. 《알마게스트》의 계산과 일치한다.

[표 22-1] 황도와 지평선 사이 각도

Φ	36
ϵ	23;51.20
E의 황경 λ	30
δ	11;40,0
α	27;50,7
EL	8;37,41
E가 뜰 때의 적경 LΘ=α-EL	19;12,26
α_G =LΘ+90°	109;12,26
λ_G	107;40,22
δ(λ_G)	22;39,55
호 GZ=δ(λ_G)+Φ	58;39,55
호 EG=λ_G-λ	77;40,22
호 DG=90°-호 GZ	31;20,5
호 DZ	90
호 EH	90
호 ZΘ	90
호 HΘ	32;9,42

제23장 황도와 고도권(Altitude Circle) 사이의 각도 계산

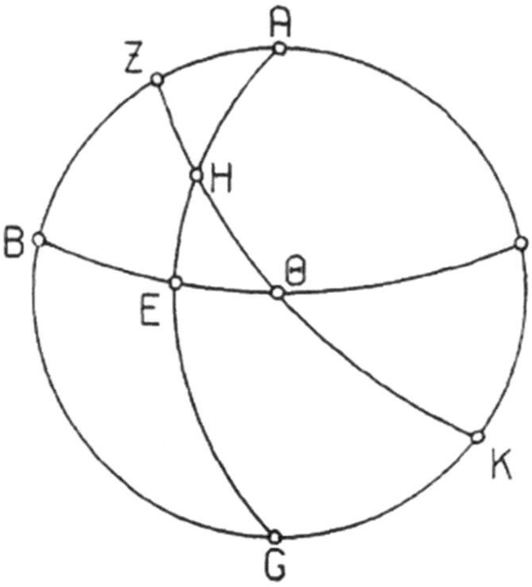

[그림 23-1] 《알마게스트》 그림

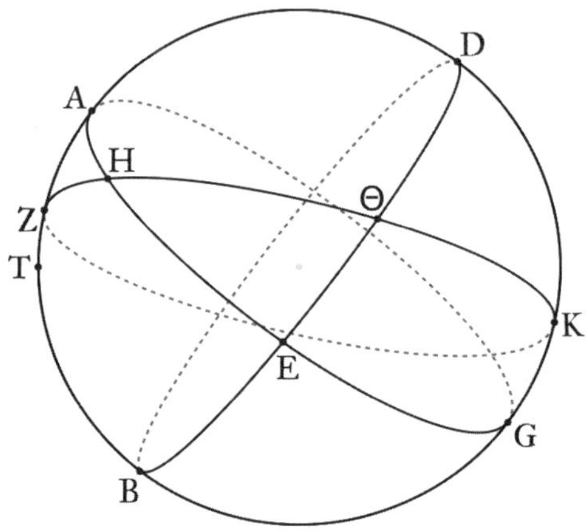

[그림 23-2] 현대적인 그림

[그림 23-2][30]의 경우는 위도 36° 지역에서 게자리 시작(the beginning of Cancer)이 자오선의 동쪽으로 1 시간 떨어져 있다고 하자. 그러면 쌍둥이자리 16;12°는 정점(culminating)에 있고, 처녀자리 17;37°는 지평선에서 뜨고 있는 모습을 그린 것이다. 이 그림에서 ABGD는 자오권(meridian circle), BED는 지평선, ZHΘ는 황도이다. H는 게자리 0°이다. Z는 쌍둥이자리 16;12°, Θ는 처녀자리 17;37°를 나타낸다. 천정인 A, 게자리의 시작인 H를 지나는 대원이 고도권(altitude circle)이다. 여기서는 호 AH를 구해보는 것이다.

H점은 게자리 0°(황경=적경=90°)인데 1시간 전 위치이기에 적도상의 75° 위치에는 황도상의 쌍둥이자리가 위치가 있다. 따라서 이 값에 해당하는 황도상의 각도

30) https://jonvoisey.net/blog/2019/05/almagest-book-ii-angle-between-ecliptic-and-altitude-circle-calculations/에서 가져옴

는 $\sin\alpha = \sin\lambda\cos\epsilon$를 이용하여 λ_1를 구한다. 이 값이 바로 Z점의 황경으로 쌍둥이자리 16:12°에 해당한다. Z점에서 적도를 따라 90°를 더 가면, 이 천체는 이 지역에서 뜨고 있기에 뜨는 시간(75+90=165도)에 해당하는 λ를 구해야 한다. (20-5)의 $L\Theta$가 뜨는 시간인데, 우리는 거꾸로 이에 해당하는 λ_2를 구해야 한다. (20-4), (20-5)를 이용하면 $\sin(\alpha - L\Theta) = \tan\delta\tan\phi$가 되고, $\cos\alpha\cos\delta = \cos\lambda$ 식을 이용하면,

$$\tan\lambda = \frac{\sin(L\Theta)}{\cos\epsilon\cos(L\Theta) - \tan\phi\sin\epsilon} \qquad (23\text{-}1)^{31)}$$

을 얻는다. 이 식에 $L\Theta$에 165°를 대입하면, 167;37° 즉 처녀자리 17;37°를 얻는다. 따라서 $Z\Theta = \lambda_2 - \lambda_1$, $H\Theta = \lambda_2 - 90°$이다.

[그림 23-2]에서 $\widehat{AT}$는 그 지방의 위도 ϕ인데, $\widehat{TZ}$는 쌍둥이자리 16:12°에 해당하는 적위인 δ_1다. 따라서 $\widehat{AZ} = \phi - \widehat{TZ} = \phi - \delta_1$, $BZ = 90° - AZ = 90° + \delta_1 - \phi$가 된다.

이제 [MT1]식에 의하여,

$$\frac{Crd\,호\,2ZB}{Crd\,호\,2BA} = \frac{Crd\,호\,2Z\Theta}{Crd\,호\,2\Theta H} \cdot \frac{Crd\,호\,2HE}{Crd\,호\,2EA} \qquad (23\text{-}2)$$

이다. 이 식을 다시 쓰면, $\frac{\sin(ZB)}{1} = \frac{\sin(Z\Theta)}{\sin(\Theta H)} \cdot \frac{\sin(HE)}{1}$이 되는데, 이를 정리하면,

$$\sin(HE) = \frac{\sin(\Theta H)}{\sin(Z\Theta)} \cdot \sin(ZB) = \frac{\cos(\lambda_2)\cos(\phi - \delta_1)}{\sin(\lambda_2 - \lambda_1)} \qquad (23\text{-}3)$$

이 된다. 따라서 $\widehat{AH} = 90° - \widehat{HE}$를 구할 수 있다. 위도 36도 지역에 대한 계산 결과를 [표 23-1]에 정리하였다. 《알마게스트》에서 계산한 값들과 거의 일치한다. 이제 최종적으로 $\angle AH\Theta$를 구하여야 한다. 이를 위해 [그림 23-3, 4]가 필요하다.

31) (17-3)식인 $\tan\lambda = \frac{\cos\phi\sin\alpha}{\cos\phi\cos\epsilon\cos\alpha - \sin\epsilon\sin\phi}$식과 동일하다.

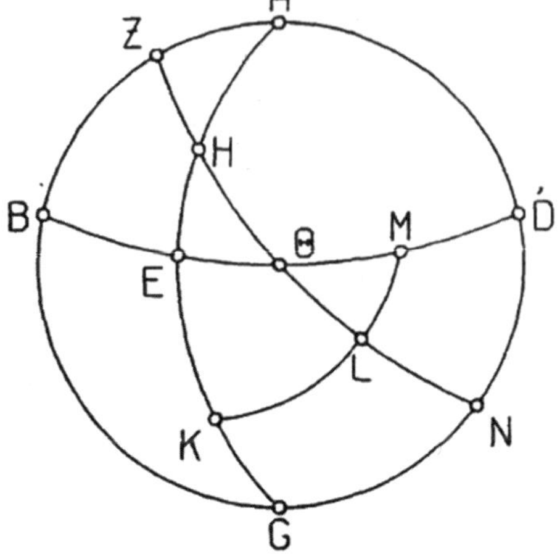

[그림 23-3] 《알마게스트》 그림

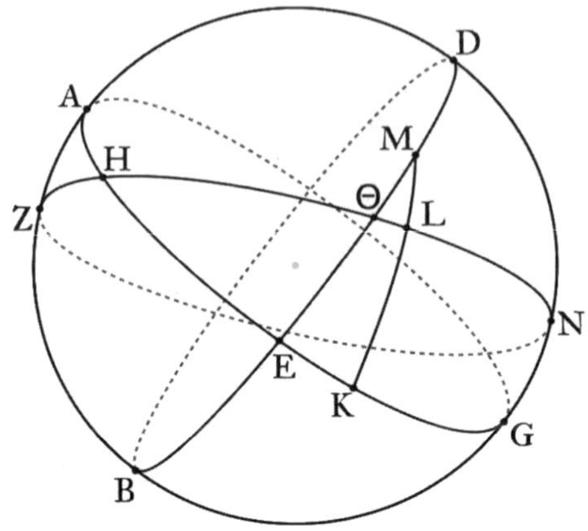

[그림 23-4] 현대적인 그림

[그림 23－4][32]에 H를 극으로 하는 대원 KLM을 그렸다. 대원 AHE는 대원 EΘM과 대원 KLM의 극들을 지나가기에 호 EM＝호 KM＝90°이다. [MTII]를 이용하여

$$\frac{Crd\,호\,2HE}{Crd\,호\,2EK}=\frac{Crd\,호\,2H\Theta}{Crd\,호\,2\Theta L}\cdot\frac{Crd\,호\,2LM}{Crd\,호\,2KM} \tag{23-4}$$

를 얻는다. 여기서 $\widehat{KH}=90$, $\widehat{EK}=90°-\widehat{HE}$, $\widehat{L\Theta}=90°-\widehat{H\Theta}$ 이기에, 이 식은 $\frac{\sin(\widehat{HE})}{\cos(\widehat{HE})}=\frac{\sin(\widehat{H\Theta})}{\cos(\widehat{H\Theta})}\cdot\frac{\sin(\widehat{LM})}{1}$ 으로 정리된다. 따라서

$$\sin(\widehat{LM})=\frac{\tan(\widehat{HE})}{\tan(\widehat{H\Theta})}=-\tan(\widehat{HE})\tan\lambda_2 \tag{23-5}$$

가 된다. 따라서

$$\widehat{LK}=90°-\widehat{LM} \tag{23-6}$$

$$\angle AH\Theta=\widehat{LK}+90°=180°-\widehat{LM} \tag{23-7}$$

32) https://jonvoisey.net/blog/2019/05/almagest-book-ii-angle-between-ecliptic-and-altitude-circle-calculations/에서 가져옴

이 된다. 이렇게 계산된 값을 [표 23-1]에 정리하였다. 《알마게스트》 2권 마지막에 나오는 표의 일부를 [그림 23-5]에 제시하였는데 거의 일치함을 볼 수 있다.

[표 23-1] 황경과 고도권 사이 각 계산

식	도
H(황경=적경=90, 게자리 0°)	90
시간	1
시간을 °로 환산	15
Z(황경)에 해당하는 적경	75
Z(황경)=쌍둥이자리 16;14	76;13,50
Θ(적경)=75+90	165
Θ(황경=) 처녀자리 17;36	167;36,02
ZΘ=Θ(황경)-Z(황경)	91;22,12
HΘ=Θ(황경)-90(게자리0°)	77;36,02
ZH	13;46,10
AT(위도)	36
TZ=δ(Z(황경))	23;07,50
AZ=φ-TZ	12;52,14
ZB=90-ZA	77;07,50
AB	90
EA	90
HE([MTI]식으로부터)	72;15,09
AH=90-HE	17;44.51
HK	90
EK=90-HE	17;44,51
LΘ=90-HΘ	12;23,58
KM	90
LM[MTII]식)	43;23,12
LK=90-LM	46;36,48
각AHΘ	133;23,12

CANCER			
Hour	Arc	East Angle	West Angle
noon	12 9	90 0	
1	17 47	133 14	46 46
2	28 22	147 45	32 15
3	40 27	151 46	28 14
4	52 36	151 52	28 8
5	64 36	149 54	30 6
6	76 16	146 25	33 35
7	87 23	141 30	38 30
7 15	90 0	140 1	39 59

[그림 23-5] 게자리

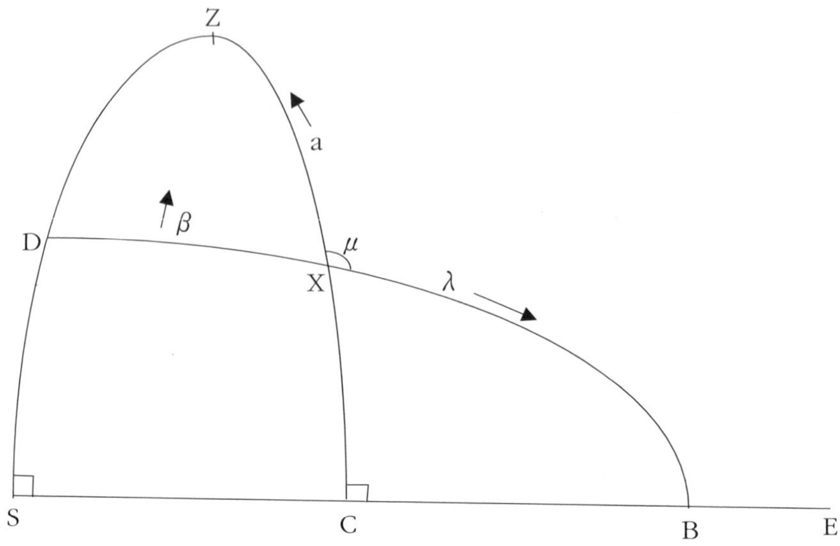

[그림 23-6] 시차각

이 각을 현대적인 방법으로 구해보자. 여기서의 각은 황도와 고도원이 이루는 각이다. 이 각도 '시차각'이라 부른다. 이 시차각은 13장에서 적위권과 고도권이 이루는 각과는 다른 각이다. [그림 23−6]에서 S는 남쪽 E는 동쪽이다. SCBE는 남에서 동으로의 지평선이다. DXB는 황도, ZDS는 자오선, ZXC는 고도원이다. 시차각은 황위와 고도가 모두 증가하는 방향으로 나타나는 황도와 고도원이 이루는 각을 의미한다. 이 그림에서는 ∠ZXB가 된다.

X의 황도 좌표가 $(\lambda, 0)$면 이 천체의 적도 좌표 (α, δ)는 $\tan\alpha = \tan\lambda\cos\epsilon$, $\sin\delta = \sin\lambda\sin\epsilon$로 구할 수 있다. 지금 이 천체의 시간각을 $h = \alpha_0 - \alpha$라 하면 지평좌표 (A, a)는

$$\sin a = \sin\phi\sin\delta + \cos\phi\cos\delta\cos h \tag{23-8}$$

$$\tan A = \frac{\cos\delta\sin h}{\cos\phi\sin\delta - \sin\phi\cos\delta\cos h} \tag{23-9}$$

가 된다. 방위각 A를 구할 때에는

$$x = \cos\phi\sin\delta - \sin\phi\cos\delta\cos h \quad (23\text{-}10\text{-}1)$$

$$y = \cos\delta\sin h \quad (23\text{-}10\text{-}2)$$

$$A = a\tan2(-x, y) \quad (23\text{-}10\text{-}3)$$

의 순서로 계산하면 남쪽에서 서쪽으로는 + 값을 갖는 방위각이 구해진다. 그리고 시차각 μ는

$$\cos\mu = -\cos A\sin\epsilon\cos(\alpha+h) - \sin A[\cos\phi\cos\epsilon + \sin\phi\sin\epsilon\sin(\alpha+h)] \quad (23\text{-}11)$$

[33]

식으로 구한다. 이 식을 이용하여 [그림 23-5]를 다시 계산해 [표 23-2]에 제시해 보았다. 같은 값이 얻어진다.

[표 23-2] 게자리 0°가 남중하고 1 시간마다 황도와 고도원이 이루는 시차각

λ (Cancer 0°)	α	δ	ε(황적교각)	φ (위도)	
90°	90°	23;51.20°	23;51.20°	36°	
h (시간각) 단위: 시간	a(고도)	z(천정거리)	A(방위각)	μ (시차각)	
				동편	서편
0	77.85556	12.14444	0	90	90
1	72.25245	17.74755	50.9448	133.3867	46.6133
2	61.46103	28.53897	73.1662	147.8528	32.1472
3	49.54434	40.45566	85.3213	151.8410	28.1590
4	37.42121	52.57879	94.2176	151.9081	28.0919
5	25.41806	64.58194	102.0177	149.9058	30.0942
6	13.75197	76.24803	109.6850	146.3971	33.6029
7	2.649089	87.35091	117.8284	141.4704	38.5296
7;15	0	90	119.9938	140.0072	39.9928

33) Richard Fitzpatrick의 A Modern Almagest에서 제시한 (2.57)식을 방위각을 남쪽 기준으로, $t=\alpha-\alpha_0$를 $h=\alpha_0-\alpha$로 바꾸었다. 즉 $t=-h$로 바꾸어서 계산한다.

제 4 부

현대천문학으로 풀어 본 태양의 운동

제24장 수직막대 해시계의 막대그림자 끝의 자취[1)]

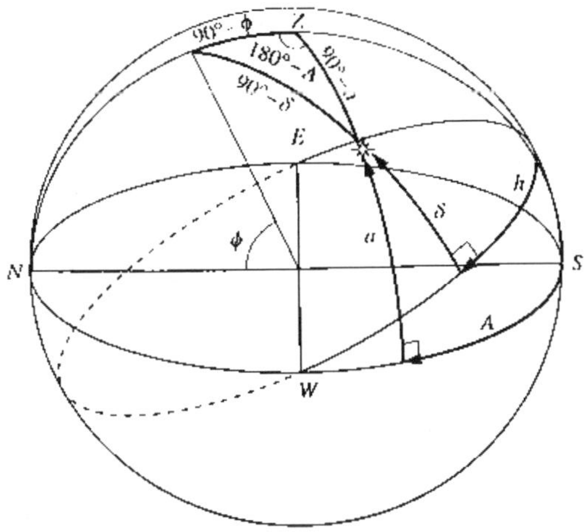

[그림 24-1] 지평좌표와 적도좌표와의 관계

위도 ϕ인 지점에서 지평 좌표(A, a)와 적도 좌표(α, δ)와의 관계로부터 시간각이 h인 경우, 천체의 고도 a는

$$\sin a = \cos h \cos \delta \cos \phi + \sin \delta \sin \phi \tag{24-1}$$

이다. 방위각 A는

$$\sin A \cos a = \sin h \cos \delta \tag{24-2}$$

$$\cos A \cos a = \cos h \cos \delta \sin \phi - \sin \delta \cos \phi \tag{24-3}$$

1) 강민정, 김슬기, 이면우, 최승언, 시헌력의 발전 역상고성에 기술된 태양의 운동, 2023, 교육과학사, 46~49쪽의 내용을 그대로 실었다.

이다. "규표"와 같은 막대를 수직으로 세워보자. 막대의 길이를 ℓ, 태양의 고도를 a라 할 때에 그림자의 길이는 $-\ell \cot a$가 된다. 만약 태양이 춘분이나 추분에 위치하면, $\delta = 0$이기에

$$\sin a = \cos h \cos\phi \tag{24-4}$$

$$\sin A \cos a = \sin h \tag{24-5}$$

$$\cos A \cos a = \cos h \sin\phi \tag{24-6}$$

이 된다. 그런데 막대기의 그림자 끝의 좌표를 (x, y)라고 하면,

$$x = -\ell \cot a \cos A = -\ell \frac{\cos a \cos A}{\sin a} = -\ell \frac{\cos h \sin\phi}{\cos h \cos\phi} = -\ell \tan\phi \tag{24-7}$$

$$y = -\ell \cot a \sin A = -\ell \frac{\cos a \sin A}{\sin a} = -\ell \frac{\sin h}{\cos h \cos\phi} = -\ell \tan h \sec\phi \tag{24-8}$$

이 된다. 이제 위도 ϕ의 값이 정해지면 막대 그림자 끝의 x값은 일정하고, y값은 시간각 h에 따라 변하여 남북을 수직으로 잇는 직선을 이룬다. [그림 24-2]는 막대의 길이 $\ell=1$, 위도 $\phi = 37.5°$일 때 그림자 끝의 자취를 그린 것이다. 그림에서 $-x$방향이 북쪽이고, $-y$방향이 서쪽이다. $\tan(37.5°) = 0.767$이기에 그림자 끝의 자취는 $x = -0.767$인 직선을 이룬다.

그러나 동지일 때에는 $\delta = -23.5°$이고, 남중 할 때에 $\cot a = 1.8$정도 되기에 가장 그림자가 짧을 때는 $x = -1.8$정도가 된다. 그러나 하지일 때에는 $\delta = 23.5°$이기에 남중 할 때에 $\cot a = 0.249$정도이고, 그림자가 가장 짧을 때 $x = -0.249$에 위치한다.

임의의 δ와 ϕ에 대해 h에 따른 그림자의 자취는

$$\frac{x}{\ell} = -\frac{\cos h \cos\delta \sin\phi - \sin\delta \cos\phi}{\cos h \cos\delta \cos\phi + \sin\delta \sin\phi} \tag{24-9}$$

$$\frac{y}{\ell}=-\frac{\sin h\cos\delta}{\cos h\cos\delta\cos\phi+\sin\delta\sin\phi} \tag{24-10}$$

이다. 이 두 식을 이용하여 하지와 동지 때에 그림자의 자취는 [그림 24-2]에 그려져 있다. (24-9)과 (24-10) 식을 이용하여 h를 소거하면

$$\left(\frac{x}{\ell}+\frac{\cos\phi\sin\phi}{\cos^2\phi-\sin^2\delta}\right)^2-\frac{\sin^2\delta}{\cos^2\phi-\sin^2\delta}\left(\frac{y}{\ell}\right)^2=\left(\frac{\cos\delta\sin\delta}{\cos^2\phi-\sin^2\delta}\right)^2 \tag{24-11}$$

을 얻는데 이는 쌍곡선을 그린다. 하지와 동지 때의 궤적은

$$\frac{x}{\ell}=-\frac{\cos\phi\sin\phi}{\cos^2\phi-\sin^2\delta}+\sin\delta\sqrt{\left(\frac{\cos\delta}{\cos^2\phi-\sin^2\delta}\right)^2+\frac{1}{\cos^2\phi-\sin^2\delta}\left(\frac{y}{\ell}\right)^2} \tag{24-12}$$

이다. 이 식을 이용하여 그린 쌍곡선 궤적은 (24-11)식과 (24-12)식을 이용하여 그린 점들과 같은 궤적을 그린다([그림 24-2] 참조). $y=0$일 때 그림자의 길이가 가장 짧다. 이 때 그림자의 길이는

$$\left(\frac{x}{\ell}\right)_{\min}=\frac{-\cos\phi\sin\phi+\sin\delta\cos\delta}{\cos^2\phi-\sin^2\delta} \tag{24-13}$$

이다. $\ell=1$이라면 하지와 동지 때는 $x=-0.249,\ -1.8$이 된다.

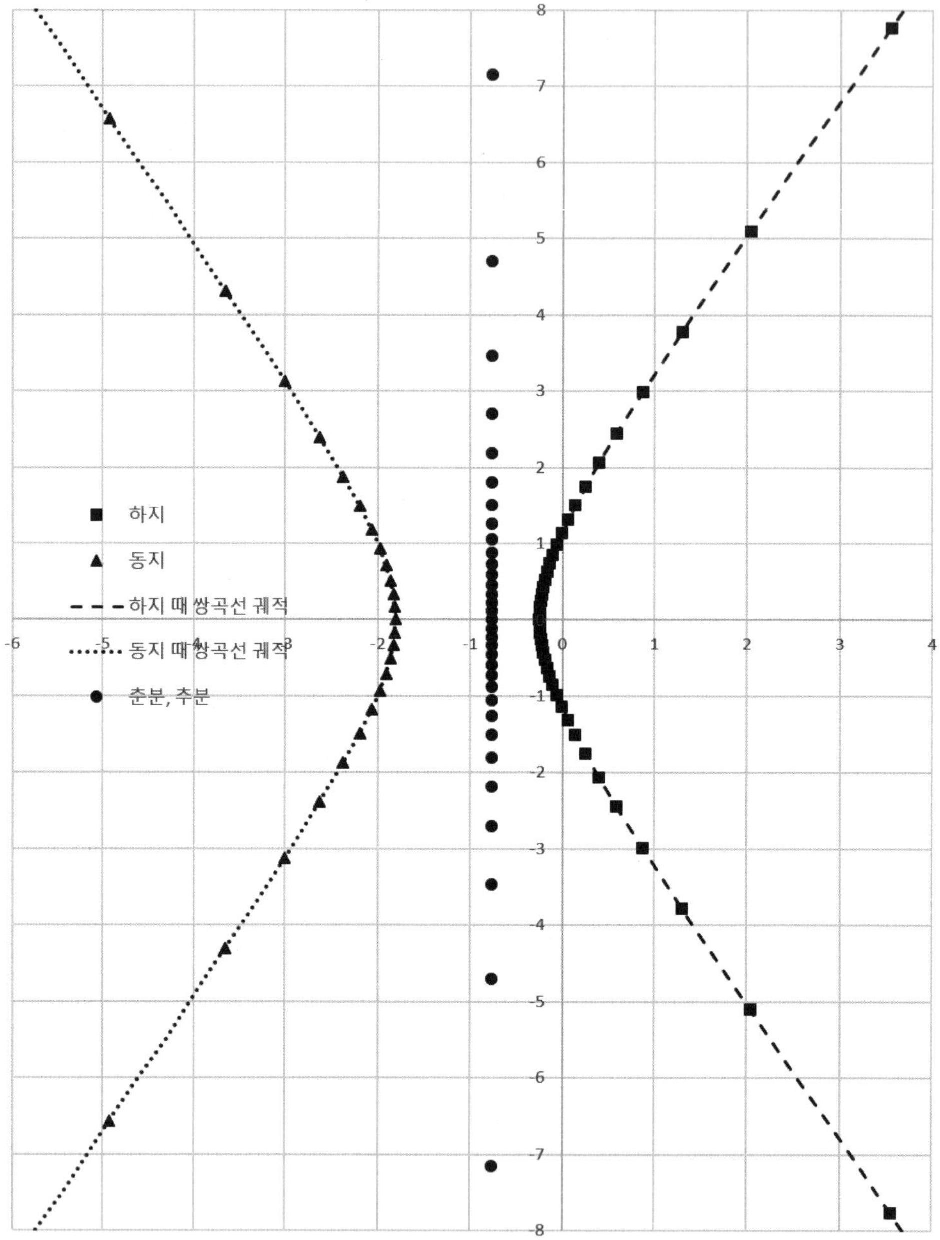

[그림 24-2] $\phi=37.5°$인 지방에서 동지날, 춘·추분날, 하지날 시간각에 따른 막대그림자의 자취 및 (24-12)식의 궤적

제25장 지구의 궤도는 타원궤도인가? (해석학적인 접근)

우리는 지금까지 자구에 관측자가 있기에 지구를 중심으로 태양이 공전하는 모델을 선호했다. 그러나 실제는 태양을 중심으로 지구가 공전하고 있다. 지구가 자신의 궤도를 따라 운행하기에 지구를 중심으로 보면 같은 방향으로 태양이 똑같은 궤도를 따라 운행한다. 단지 상의 별자리에 대해서 서로의 위치가 반대일 따름이다. 따라서 지구의 궤도를 알아보는 것은 지구를 중심으로 하는 태양의 운행궤도가 된다.

뉴턴역학은 이를 매우 아름답게 풀어내고 있다. 케플러가 오랜 기간을 걸쳐 발견한 경험 법칙인 3가지 케플러의 법칙이 뉴턴역학을 통해 증명된다. 지금부터 이를 알아보도록 한다. 여기서 쓰는 수학은 대학에서 배우는 대수학 정도이기에 그리 어렵지 않으리라 생각되며 필요하면 간단한 증명을 통해 확인하면서 사용하도록 하겠다.

태양과 지구의 질량비는 3×10^{-6}정도이다. 두 질량체가 공전하면 질량중심을 중심으로 서로 공전한다. 태양과 지구 사이의 거리가 1.496×108km이면 태양중심과 질량중심과의 차이는 450km정도에 지나지 않는다. 이 거리는 태양 반경의 1/1000에도 못 미친다. 즉 태양지구의 공전운동과 비교할 때 지구의 중력에 의한 태양의 공전 운동은 거의 미미하다고 볼 수 있다 따라서 태양은 거의 정지하고 지구만 공전한다고 가정하자.

지구는 태양의 중력에 의하여 힘을 받는다. 지구와 태양 사이의 거리를 r이라 하자. 그런데 태양이 원점에 위치하고 지구가 r만큼 떨어져 있기에 태양, 지구 벡터는 $\vec{r}$이 된다. $\vec{r}$의 단위벡터는 $\hat{r} = \frac{\vec{r}}{r}$이 된다. 이제 지구는 태양의 중력에 영향을 받는다. 즉

$$\vec{F} = -\frac{GMm}{r^2}\hat{r} = \frac{GMm}{r^2}\cdot\frac{\vec{r}}{r} = \frac{GMm}{r^3}\vec{r} \tag{25-1}$$

이 된다. 여기서 M, m은 각각 태양과 지구의 질량이다. 그런데

$$\vec{F} = m\vec{a} \tag{25-2}$$

가 되며 $\vec{a}$은 지구의 가속도이다. 이제 $\vec{r}$에 대해 알아보자. 지구가 태양 중심을 공전하는 궤도는 한 평면을 이루기에 극좌표 (r, θ)를 사용하도록 하겠다. $\vec{r}$를 극좌표를 이용하여 표시해 보면

$$\vec{r} = r(\cos\theta, \sin\theta) \tag{25-3}$$

가 된다. 따라서

$$\hat{r} = (\cos\theta, \sin\theta) \tag{25-4}$$

가 된다. $\hat{r}$에 수직인 벡터를 $\hat{\theta}$라 하면

$$\hat{\theta} = (\cos(\theta + 90°), \sin(\theta + 90°)) = (-\sin\theta, \cos\theta) \tag{25-5}$$

가 된다. 이제 $\vec{r}$를 시간에 대해 미분해 보자. 앞으로 $\frac{d\vec{r}}{dt} = \dot{\vec{r}}$로 표시할 것이다. 또한

$$\frac{d\hat{r}}{dt} = \frac{d}{dt}(\cos\theta, \sin\theta) = (-\dot{\theta}\sin\theta, \dot{\theta}\cos\theta) = \dot{\theta}\,\hat{\theta} \tag{25-6-1}$$

$$\frac{d\hat{\theta}}{dt} = \frac{d}{dt}(-\sin\theta, \cos\theta) = (-\dot{\theta}\cos\theta, -\dot{\theta}\sin\theta) = -\dot{\theta}\,\hat{r} \qquad (25\text{-}6\text{-}2)$$

가 된다. $\dot{\vec{r}} = \vec{v}$, $\ddot{\vec{r}} = \dot{\vec{v}} = \vec{a}$이기에

$$\vec{v} = \frac{d}{dt}(r\hat{r}) = \dot{r}\,\hat{r} + r\frac{d\hat{r}}{dt} = \dot{r}\,\hat{r} + r\dot{\theta}\hat{\theta} \qquad (25\text{-}7\text{-}1)$$

$$\vec{a} = \frac{d}{dt}(\vec{v}) = \frac{d}{dt}(\dot{r}\,\hat{r} + r\dot{\theta}\hat{\theta}) = (\ddot{r} - r\dot{\theta}^2)\hat{r} + (2\dot{r}\dot{\theta} + r\ddot{\theta})\hat{\theta} \qquad (25\text{-}7\text{-}2)$$

가 된다. (25-7-2)식을 (25-1)식에 대입하면

$$\vec{a} = (\ddot{r} - r\dot{\theta}^2)\hat{r} + (2\dot{r}\dot{\theta} + r\ddot{\theta})\hat{\theta} = -\frac{GM}{r^3}\hat{r} \qquad (25\text{-}8)$$

이 된다. 따라서 같은 단위 벡터 항끼리 같기에

$$\ddot{r} - r\dot{\theta}^2 = -\frac{GM}{r^2} \qquad (25\text{-}9\text{-}1)$$

$$2\dot{r}\dot{\theta} + r\ddot{\theta} = 0 \qquad (25\text{-}9\text{-}2)$$

를 얻는다. (25-9-1)을 다시 써보면

$$\ddot{r} = \underbrace{-\frac{GM}{r^2}}_{\text{중력}} + \underbrace{r\dot{\theta}^2}_{\text{원심력}} \qquad (25\text{-}10)$$

이 된다. 즉 지구가 받는 r방향의 힘은 태양에 끌리는 중력은 거리를 줄어들게 하기에 -부호를 원심력은 바깥을 향해 가기에 거리를 늘려 +부호를 갖는다. (25-9-2)식을 다시 써보면

$$\frac{d}{dt}\left(r^2\dot{\theta}\right)=2r\dot{r}\dot{\theta}+r^2\ddot{\theta}=r\left(2\dot{r}\dot{\theta}+r\ddot{\theta}\right)=0 \tag{25-11-1}$$

이 된다. 즉

$$r^2\dot{\theta}=C(\text{일정}) \tag{25-11-2}$$

이다. 반경이 r이고 사잇각이 θ인 원호와 중심이 이루는 부분의 면적은 $A=\frac{1}{2}r^2\theta$이 된다. 이제 짧은 시간 Δt시간 동안에 $\Delta\theta$만큼 변했다면 그 동안에 r의 변화는 무시할 정도로 작다고 하면 $\Delta A=\frac{1}{2}r^2\Delta\theta$가 되고 면적속도

$$\dot{A}=\frac{dA}{dt}=\lim_{\Delta t\to 0}\frac{1}{2}r^2\frac{\Delta\theta}{\Delta t}=\frac{1}{2}r^2\frac{d\theta}{dt}=\frac{1}{2}r^2\dot{\theta}=\frac{C}{2} \tag{25-12}$$

이 되기에 면적속도가 일정하다는 의미가 된다. 역학적으로는

$$r^2\dot{\theta}=r\left(r\dot{\theta}\right)=rv_\theta=\text{일정} \tag{25-13}$$

이다. 여기서 $v_\theta=r\dot{\theta}$이다. rv_θ는 단위 질량당 각운동량을 나타낸다. 따라서 (24-13)은 단위 질량당 각운동량(앞으로는 각운동량이라 하겠다.)이 공전궤도 내내 같은 값을 가진다는 의미이다. 이를 '각운동량보존'이라 한다. 케플러의 제2법칙인 '면적속도 일정'의 법칙은 '각운동량보존'을 의미한다.

이제 (24-9-1)식을 살펴보도록 하자. (25-11-2)을 (25-10)에 대입하면

$$\ddot{r}=-\frac{GM}{r^2}+\frac{C^2}{r^3} \tag{25-14}$$

가 된다. 이제 (25-14)식을

$$\xi = \frac{r}{r_0}, \; t' = \frac{t}{t_0} \tag{25-15-1}$$

라 놓아보자. 그리고

$$t_0^2 = \frac{r_0^3}{GM}, \; c = \frac{C^2}{GMr_0} \tag{25-15-2}$$

이라 놓자. 그러면 (25-14)는

$$\ddot{\xi} = -\frac{1}{\xi^2} + \frac{c}{\xi^3} \tag{25-15-3}$$

으로 간단해진다. 여기서는 $\ddot{\xi} = \frac{d^2\xi}{dt'^2}$ 이다. (25-15-3)식의 우변의 각 항을 $c = 1$ 인 경우 그려 보았다([그림 25−1] 참조). 실선이 $\frac{1}{\xi^2}$ 인 중력의 크기, 굵은 점선이 $\frac{1}{\xi^3}$ 인 원심력을 나타낸다. $\xi = 1$ 이 두 힘이 같아져 힘의 평형을 이룬다. 가속도가 0이라고 해서 속도가 없는 것은 아니다. 만약 $v_r = \dot{r} > 0$ 이면 물체는 ξ가 증가하는 방향으로 움직이는데 $\xi = 1.809$까지는 중력이 원심력보다 커 - 로 가속되어 바깥으로 나가는 속도 $\dot{\xi}$가 줄어들어 결국 $\dot{\xi} = 0$ 이 되자만 중력이 커서 안으로 들어오는 속도인 $\dot{\xi}$가 늘어나게 되어 $\xi = 1$ 에서도 $v_r = \dot{r} < 0$가 되어 물체가 중심을 향해 움직이는데 $\xi = 0.691$까지 원심력이 더 커져서 중심으로 가는 속도 $\dot{\xi}$가 줄어 결국 $\dot{\xi} = 0$ 이 되지만 원심력이 크기에 다시 바깥으로 가속된다. 따라서 물체는 $0.681 \le \xi \le 1.809$(여기서의 값은 [그림 25−2]에서 $\varepsilon = -0.4$ 일 때의 ξ값이다.) 사이를 진동한다.

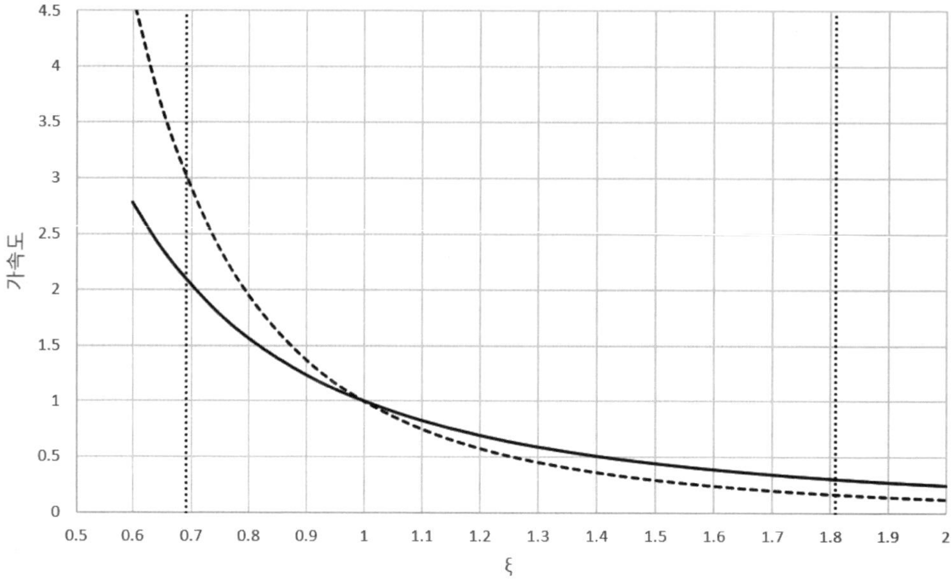

[그림 25-1] $c=1$인 경우 (24-15)의 우변의 각 항

(25-15)식을 시간에 대해 적분해 보자. (25-15)에 $\dot{r}$을 곱해서 시간에 대해 적분하면

$$\frac{1}{2}\left(\dot{r}^2+\frac{C^2}{r^2}\right)-\frac{GM}{r}=E(\text{일정}) \tag{25-16}$$

이 된다. (25-11-2)를 (25-16)에 대입하면

$$\frac{1}{2}\left(\dot{r}^2+(r\dot{\theta})^2\right)-\frac{GM}{r}=\underbrace{\frac{1}{2}\left(v_r^2+v_\theta^2\right)}_{\text{운동에너지}}\underbrace{-\frac{GM}{r}}_{\text{중력포텐샬에너지}}=E(\text{일정}) \tag{25-17}$$

이 된다. 즉 총에너지가 보존된다. (25-16)식을 (25-15-1, 2)식을 넣어 간단히 해보면

$$\frac{1}{2}\dot{\xi}^2+\frac{c}{2\xi^2}-\frac{1}{\xi}=\frac{Er_0}{GM}=\varepsilon \tag{25-18}$$

이 된다. (25-8)식의 좌변에서

$$U_{eff}(\xi) = \frac{c}{2\xi^2} - \frac{1}{\xi} \tag{25-19}$$

을 '유효퍼텐셜'이라 한다. $c = 1$일 때 (25-19)식을 그려보면 [그림 25−2]가 얻어진다. 또한

$$\frac{1}{2}\dot{\xi}^2 = \varepsilon - U_{eff}(\xi) \geq 0 \tag{25-20}$$

이다. 따라서 [그림 25−2]에서 점선과 실선 사이의 차이가 운동에너지이다. 따라서 물체는 그 구간에서만 운동한다. $\varepsilon \geq 0$이면 물체가 중심에 접근하더라도 한계가 있다. $\varepsilon = U_{eff}(\xi)$가 되는 ξ까지만 접근할 수 있다. 그러나 $\varepsilon < 0$이면 $\varepsilon = U_{eff}(\xi)$이 되는 근이 두 개가 된다. 예를 들어 $\varepsilon = -0.4$일 때 $0.681 \leq \xi \leq 1.809$에서만 물체가 운동한다. $\xi = 1$에서는 힘의 평형을 이룬다. 결과적으로

$$\varepsilon \begin{cases} > 0: & \text{쌍곡선 궤도} \\ = 0: & \text{포물선 궤도} \\ < 0: & \text{타원궤도} \end{cases} \tag{25-21}$$

가 된다.

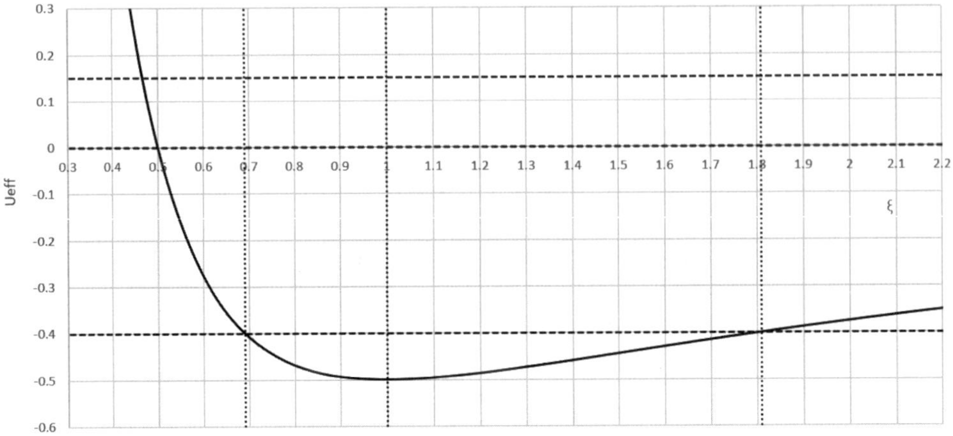

[그림 25-2] $c=1$일 때 유효퍼텐셜

이제 지구 궤도를 구하기 위해서 (25-16)식과 (25-11-2)식을 이용할 것이다. 이를 다시 써보면

$$\frac{1}{2}\left(\dot{r}^2+\frac{C^2}{r^2}\right)-\frac{GM}{r}=E(\text{일정}) \tag{25-22-1}$$

$$r^2\dot{\theta}=C(\text{일정}) \tag{25-22-2}$$

이다. (25-22-1)식을 $\dot{r}(r)$으로 바꾸면

$$\dot{r}=\pm\sqrt{2E+\frac{2GM}{r}-\frac{C^2}{r^2}} \tag{25-23-1}$$

$$\dot{\theta}=\frac{C}{r^2} \tag{25-23-2}$$

이 된다. (25-23-1)을 (25-23-2)로 나누면

$$\frac{1}{r^2}\frac{dr}{d\theta}=\sqrt{\frac{2E}{C^2}+2\frac{GM}{C^2r}-\frac{1}{r^2}} \tag{25-24-1}$$

가 된다. 이 식을 잘 정리하면

$$\frac{1}{r^2}\frac{dr}{d\theta}=\sqrt{\frac{2E}{C^2}+\frac{G^2M^2}{C^4}-\left(\frac{GM}{C^2}-\frac{1}{r}\right)^2} \tag{25-24-2}$$

이 된다. 이제

$$u_0=\sqrt{\frac{2E}{C^2}+\frac{G^2M^2}{C^4}} \tag{25-25-1}$$

$$u=\frac{GM}{C^2}-\frac{1}{r} \tag{25-25-2}$$

로 놓으면 $\frac{du}{d\theta}=\frac{1}{r^2}\frac{dr}{d\theta}$ 가 되기에 (25-24-2)식은

$$\frac{du}{d\theta}=\sqrt{u_0^2-u^2} \tag{25-26}$$

이 된다. (25-26)의 해는

$$u=\begin{cases} u_0\sin\theta \\ -u_0\cos\theta \end{cases} \tag{25-27}$$

이 된다. 두 해 중에 아래 해를 택해 보면

$$\frac{GM}{C^2}-\frac{1}{r}=-\sqrt{\frac{2E}{C^2}+\frac{G^2M^2}{C^4}}\cos\theta \tag{25-28}$$

이 된다. (25-28)식은 타원, 포물선, 쌍곡선 모든 궤도가 가능하다. (25-28)을 정리

하면

$$r = \frac{\frac{C^2}{GM}}{1+\sqrt{1+\frac{2EC^2}{G^2M^2}}\cos\theta} \tag{25-29-1}$$

이 된다. 타원 궤도의 경우는

$$r = \frac{a(1-e^2)}{1+e\cos\theta} \tag{25-29-2}$$

이다. 여기서 a는 타원궤도의 장반경, e는 타원의 이심률이다. 이제 (25-29) 두 식을 서로 비교해 보면

$$e = \sqrt{1+\frac{2EC^2}{G^2M^2}} = \sqrt{1-\frac{C^2}{GMa}} < 1 \tag{25-30-1}$$

$$E = -\frac{GM}{2a} < 0 \tag{25-30-2}$$

된다. 타원궤도의 경우에는 $E<0$, $0<e<1$이다. 따라서 지구의 궤도가 타원궤도가 될 수 있음을 해석학적으로 증명하였다. 케플러의 제1법칙인 타원궤도 법칙이 증명되었다. 총에너지가 보존되고, − 이기에 타원궤도가 가능하다.

천체가 중심 천체와 관련해서 역학적으로 총에너지가 +냐 0이냐 −냐에 따라 궤도의 형태가 바뀐다. 혜성의 궤도는 거의 $e \simeq 1$인 경우도 있어서 태양으로 접근했다가 태양을 돌아 영원히 사라지는 포물선 궤도와 구별이 잘 안 되는 장반경이 아주 긴 타원궤도를 그리기에 한 번 관측하고 나면 거의 영원히 사라질 수도 있다.

타원궤도의 장반경이 a이면 단반경은 $a\sqrt{1-e^2}$이 된다. 면적속도는 어느 순간에도 일정하기 때문에 타원의 면적이 $\pi ab = \pi a^2\sqrt{1-e^2}$이다. 타원궤도를 공전하

는 주기가 P라면 면적속도는 $\frac{\pi a^2\sqrt{1-e^2}}{P}$이 된다. 따라서 이 값은 $\frac{C}{2}$와 같다. 따라서

$$C=\frac{2\pi a^2\sqrt{1-e^2}}{P} \tag{25-31}$$

이 된다. 이 값을 (25-30-1)에 대입하면 $e\neq 1$이 아니기에

$$P^2=\frac{4\pi^2}{GM}a^3 \tag{25-32-1}$$

이 얻어진다. 케플러 제3법칙인 조화의 법칙이 얻어졌다. 만약 지구의 질량을 태양의 질량에 비해 무시하지 않는다면

$$P^2=\frac{4\pi^2}{G(M+m)}a^3 \tag{25-32-2}$$

을 얻게 된다.

이제 속도 v_r, v_θ를 구해보자. $v_r=\frac{dr}{dt}$, $v_\theta=r\frac{d\theta}{dt}$이기에 (25-29-2)와 (25-31), (25-11-2)을 이용하면

$$v_r=\frac{2\pi a}{P}\frac{e\sin\theta}{\sqrt{1-e^2}} \tag{25-33-1}$$

$$v_\theta=\frac{2\pi a}{P}\frac{1+e\cos\theta}{\sqrt{1-e^2}} \tag{25-33-2}$$

가 된다. 물론 근일점, 원일점에의 속도는 각각 $\theta=0°, 180°$일 때이기에 $v_r=0$이고,

$$\frac{v_\theta}{\left(\frac{2\pi a}{P}\right)} = \begin{cases} \sqrt{\frac{1+e}{1-e}} & : 근일점 \\ \sqrt{\frac{1-e}{1+e}} & ; 원일점 \end{cases} \tag{25-34}$$

가 된다. $e = 0.016711$일 때 θ에 따라 속도를 그려 보면 [그림 25−3]과 같다. 이심률이 아주 작기에 $v_r \ll v_\theta$이다. 거의 원을 넘나드는 타원궤도가 됨을 알 수 있다.

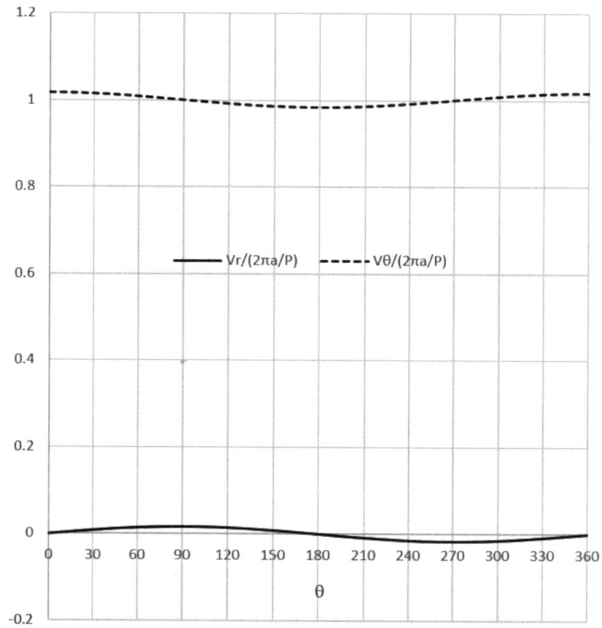

[그림 25−3] θ에 따른 v_r과 v_θ(단위: $2\pi a/P$)

또한 $v^2 = v_r^2 + v_\theta^2$이기에 앞의 식들을 이용하면

$$v^2 = GM\left(\frac{2}{r} - \frac{1}{a}\right) \tag{25-35}$$

가 된다. 이 방정식을 '활력방정식(Vis-viva integral)'이라 한다.

포물선 궤도의 경우 $E = 0$이기에 (25-29-1)을 이용하면

$$r = \frac{\left(\frac{C^2}{GM}\right)}{1+\cos\theta} \tag{25-36}$$

이 된다. 따라서 $\theta = 0$일 때가 근일점이기에 (25-36)식에서 $r_{근일점} = p = \frac{C^2}{2GM}$이기에 (25-36)식은

$$r = \frac{2p}{1+\cos\theta} \tag{25-37}$$

이 된다. 타원궤도의 식인 (25-29-2)도

$$r = \frac{a(1-e^2)}{1+e\cos\theta} = \frac{a(1-e)(1+e)}{1+e\cos\theta} = \frac{r_{근일점}(1+e)}{1+e\cos\theta} \tag{25-38}$$

이 되고, 쌍곡선궤도도 같은 방법으로 표현할 수 있다. 어떠한 형태의 궤도이건 $r_{근일점} = p$이면 궤도는 자취는

$$r = \frac{p(1+e)}{1+e\cos\theta} \tag{25-39}$$

와 같지만 e에 따라 궤도의 모습이 다르다. e에 따른 궤도 모습을 [그림 25−4]에 그렸다. 여기서 $p = 1$을 사용했다.

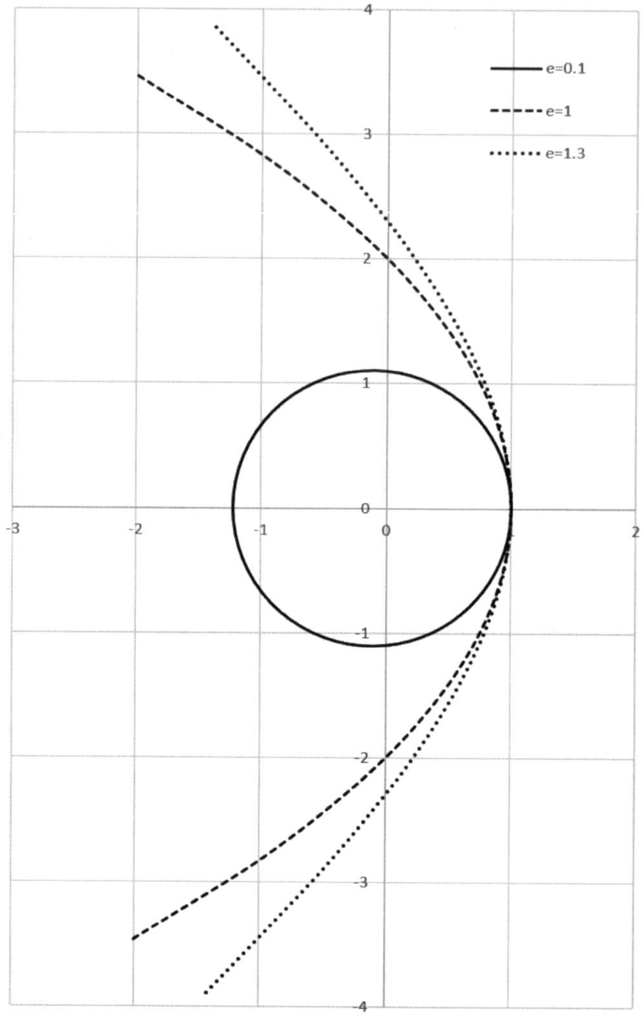

[그림 25-4] e에 따른 궤도

지구의 경우, 관측을 통해서 $P = 365.25$일, $a = 1.5 \times 10^8 \mathrm{km}$[2], $e = 0.0167$[3]을 얻었다고 하자. 그리고 중력상수는 $G = 6.6743 \times 10^{-11}\ \mathrm{m^3/kg\,s^2}$이다. 케플러 제

2) 카시니는 화성이 충의 위치에 있을 때, 화성의 시차를 측정하여 태양까지의 거리를 처음으로 알아냈으며, 헬리는 금성이 태양 표면 통과 현상을 이용하여 금성까지 거리를 시차를 측정하여 알아 태양까지의 거리를 알게 되었다.

3) 태양의 운행을 기술하는 여러 모델에서 실제 태양과 평균 태양의 차인 '가감차'를 통해 '양심차'를 알게 되었다. 그 값의 반이 타원궤도에서는 이심률에 해당한다.

3법칙인 (24-32-1)식을 이용하면 $M \simeq 2\times 30$kg을 얻는다. 우리는 달의 공전을 이용하여 지구의 질량도 알아 낼 수 있다. $\frac{2\pi a}{P} = 29.865\mathrm{km/s}$이고, 단위 질량당 각 운동량인 $C = 4.48\times 10^{15}\mathrm{m^2/s}$이 되고, 단위질량당 총에너지는 $E = -\frac{GM}{2a} = -4.46\times 10^{8}\mathrm{m^2/s^2}$가 된다. 또한 근일점, 원일점에서 속력은 각각 $v_\theta =$ 30.368km/s , 29.371 km/s가 된다.

하루 동안 지구가 운행하는 평균 각도는 $\frac{29.865}{1.5\times 10^{8}}\times\frac{180}{\pi}\times 3600\times 24 =$ 0.985626°/day인데 이 값은 당연히 $\frac{360°}{365.25\text{일}} = 0.985626°/\mathrm{day} = 0;59,08,15°/$ day와 같다. 우리가 사용하는 값은 이보다 아주 조금 큰 0;59,08,20°이다. 왜냐하면 이 값은 1 회귀년인 365.2421875일로부터 나왔기 때문이다. 그래서 근일점에서는 하루에 60.134′을 가고, 원일점에서는 58.158′가는데 이 값들도 우리가 사용하는 값보다 아주 조금 작다.

제26장 지구의 궤도는 타원궤도인가? (수치해석학적인 접근)

앞에서 우리는 지구가 오직 태양의 중력에 의한 힘만 있을 때 타원궤도를 이루며 공전하는 모습을 해석학적인 방법으로 보였다. 여기서는 수피해석학적으로도 같은 결과가 됨을 보일 것이다. (24-1)을 다시 써 보면

$$\vec{F} = -\frac{GMm}{r^2}\hat{r} = \frac{GMm}{r^2} \cdot \frac{\vec{r}}{r} = \frac{GMm}{r^3}\vec{r} \tag{26-1}$$

이다. 앞에서는 이 식을 풀기 위해 극좌표를 사용하였다. 여기서는 극좌표 대신 xy좌표를 사용한다. 즉 $(r,\theta)=(x,y)$라고 하면 $r=\sqrt{x^2+y^2}$, $x=r\cos\theta$, $y=r\sin\theta$이기에

$$\hat{r} = (\cos\theta, \sin\theta) = \left(\frac{x}{\sqrt{x^2+y^2}}, \frac{y}{\sqrt{x^2+y^2}}\right) \tag{26-2}$$

가 된다. 그리고

$$\vec{r} = (x, y) \tag{26-3-1}$$

$$\vec{v} = \dot{\vec{r}} = (\dot{x}, \dot{y}) \tag{26-3-2}$$

$$\vec{a} = \ddot{\vec{r}} = (\ddot{x}, \ddot{y}) \tag{26-3-3}$$

이 된다. 이를 이용하여 (26-1)을 써 보면

$$\ddot{x} = GM\frac{x}{(x^2+y^2)^{3/2}} \tag{26-4-1}$$

$$\ddot{y} = GM\frac{y}{(x^2+y^2)^{3/2}} \tag{26-4-2}$$

가 된다. 이 식을 쉽게 풀기 위해 $\xi = \frac{x}{r_0}$, $\zeta = \frac{y}{r_0}$, $\eta = \frac{t}{t_0}$, $t_0^2 = \frac{r_0^3}{GM}$이라 놓으면 (26-4)식들은

$$\ddot{\xi} = \frac{\xi}{(\xi^2+\zeta^2)^{3/2}} \tag{26-4-1}$$

$$\ddot{\zeta} = \frac{\zeta}{(\xi^2+\zeta^2)^{3/2}} \tag{26-4-2}$$

가 된다. 여기서 $\ddot{\xi} = \frac{d^2\xi}{d\eta^2}$, $\ddot{\zeta} = \frac{d^2\zeta}{d\eta^2}$이다.

(26-4)식을 쉽게 이해하기 쉽게 앞으로는 $\xi \to x$, $\zeta \to y$, $\eta \to t$, $\dot{\xi} \to \dot{x} = v_x$, $\ddot{\xi} \to \ddot{x} = \dot{v}_x = a_x$, $\ddot{\zeta} \to \ddot{y} = \dot{v}_y = a_y$라 치환하여 풀 것이다. 따라서 (26-4)식 들은

$$a_x = \dot{v}_x = \ddot{x} = \frac{x}{(x^2+y^2)^{3/2}} \tag{26-4-1}$$

$$a_y = \dot{v}_y = \ddot{y} = \frac{y}{(x^2+y^2)^{3/2}} \tag{26-4-2}$$

이 된다. 해석학적으로는 2원 2차 연립미분방정식을 풀어야 한다. 이를 좀 더 풀어 쓰면

$$\dot{v}_x = \frac{x}{(x^2+y^2)^{3/2}} \tag{26-5-1}$$

$$\dot{x} = v_x \tag{26-5-2}$$

$$\dot{v}_y = \frac{y}{(x^2+y^2)^{3/2}} \tag{26-5-3}$$

$$\dot{y} = v_y \tag{26-5-4}$$

인 4원 1차 연립미분방정식으로 바꿀 수 있다. 이를 수치해석학적으로 다시 써보자. Δt가 아주 작을 때 $\dot{v}_x = \frac{\Delta v_x}{\Delta t}$이기에 $\dot{v}_{x_n} = \frac{v_{x_{n+1}} - v_{x_n}}{\Delta t}$이 된다. 따라서 $\dot{v}_{x_n} = \frac{v_{x_{n+1}} - v_{x_n}}{\Delta t} = \frac{x_n}{\left(x_n^2 + y_n^2\right)^{3/2}}$로 쓸 수 있다. (26-5)식들은

$$v_{x_{n+1}} = v_{x_n} + \frac{x_n}{\left(x_n^2 + y_n^2\right)^{3/2}} \Delta t \tag{26-6-1}$$

$$x_{n+1} = x_n + v_{x_{n+1}} \Delta t \tag{26-6-2}$$

$$v_{y_{n+1}} = v_{y_n} + \frac{y_n}{\left(x_n^2 + y_n^2\right)^{3/2}} \Delta t \tag{25-6-3}$$

$$y_{n+1} = y_n + v_{y_{n+1}} \Delta t \tag{26-6-4}$$

$$n = 0, 1, 2, \cdots \tag{26-6-5}$$

로 바꿀 수 있다. 이제 우리는 위치와 속도에 대한 초기 조건이 필요하다. 즉 (x_0, y_0), $\left(v_{x_0}, v_{y_0}\right)$를 알아야 한다.

단위질량당 총에너지는 E인데 우리가 $t_0^2 = \frac{r_0^3}{GM}$로 비례축소화(scaling)하였기에 총에너지도 비례축소화하면

$$\frac{E}{(r_0/t_0)^2} = \frac{1}{2}\left(v_x^2 + v_y^2\right) - \frac{1}{\sqrt{x^2 + y^2}} \tag{26-7-1}$$

이기에 수치해석학적으로는

$$\frac{E_n}{(r_0/t_0)^2} = \frac{1}{2}\left(v_{x_n}^2 + v_{y_n}^2\right) - \frac{1}{\sqrt{x_n^2 + y_n^2}} \tag{26-7-2}$$

로 구한다. 그리고 이 값은 언제나 일정한 값이 되어야 한다. 그러나 수치해석학적으로 (26-6)식을 풀면 계산 오류를 포함하기에 (26-7)식을 구하면 항상 같은 값 대신 값들이 미세하게 주기적으로 진동할 수도 있다.

초기값으로 $(x, y) = (x_0, 0)$, $(v_x, v_y) = (0, v_0)$라고 하자. 이 점을 태양에서 가장 가까운 근일점이라 하자. 만약 궤도가 타원궤도라 하면

$$\frac{C}{\left(r_0^2/t_0\right)} = x_1 v_1 \tag{26-8-1}$$

$$\frac{E}{(r_0/t_0)^2} = \frac{1}{2}v_0^2 - \frac{1}{x_0} \tag{26-8-2}$$

$$e = x_0 v_0^2 - 1 \tag{26-8-3}$$

$$\frac{a}{r_0} = \frac{x_0}{2 - x_0 v_0^2} \tag{26-8-4}$$

$$\frac{P}{t_0} = 2\pi\left(\frac{x_0}{2 - x_0 v_0^2}\right)^{3/2} \tag{26-8-5}$$

이 성립한다. 만약 $x_0 = 1$, $v_0 = 1$이라 하면 (25-8)식들에서 $\frac{C}{\left(r_0^2/t_0\right)} = 1$, $\frac{E}{(r_0/t_0)^2} = -\frac{1}{2}$, $e = 0$, $\frac{a}{r_0} = 1$, $\frac{P}{t_0} = 2\pi$가 된다. $t_0^2 = \frac{r_0^3}{GM}$에 대입해 보면 $\frac{P^2}{4\pi^2} = \frac{a^3}{GM}$이 성립한다. (26-8)식들을 이용해도 이 식은 성립한다.

이제 $(x, y) = (1, 0)$, $(v_x, v_y) = (0, 1)$을 풀어 보자. (26-6)식들을 $\Delta t = 0.01$로 놓고 spreadsheet에서 쉽게 계산할 수 있고, 계산해 보면 반지름이 1인 원궤도가 나온다. 비례축소된 단위질량당 총에너지가 -0.5, $P = 2\pi$가 됨을 [그림 26－1]에서 확인할 수 있다. [그림 26－2]는 $(x, y) = (1, 0)$, $(v_x, v_y) = (0, 1.1)$의 경우인데

$e=0.21$인 타원궤도가 된다. [그림 25−3]은 $(x, y)=(1, 0)$, $(v_x, v_y)=(0, 0.9)$인 경우인데 (26-8-3)식으로 계산하면 −0.19가 나오는데 부호를 바꾸어주어야 한다. 그래서 $e=0.19$인 타원궤도이고, 비례축소된 단위질량당 총에너지가 −0.5보다 작은 −0.595가 된다. 이 경우 $(x, y)=(1, 0)$은 원지점이 된다. 비교를 위하여 반지름이 0.9인 원을 그려 넣었다. $(v_x, v_y)=(0, \sqrt{2})$가 되면 (26-8-3)에서 $e=1$이다, 즉 포물선 궤도가 되어야 한다. 그러고 비례축소된 단위질량당 총에너지는 0이 되어야 한다. [그림 26−4]에서 확인 할 수 있다. $v_0=\sqrt{2}$라는 의미는 근일점에서의 속도가 $\sqrt{\dfrac{2GM}{r_0}}$이다. 이값은 [그림 26−1]의 $v_0=1$ 즉 원운동 속도인 $\sqrt{\dfrac{GM}{r_0}}$의 $\sqrt{2}$배란 의미이다. 마지막으로 $(v_x, v_y)=(0, 1.7)$이면 $v_y>\sqrt{2}$보다 커서 비례축소된 단위질량당 총에너지는 +이고, $e>1$이어서 쌍곡선 궤도가 된다. [그림 26−5]에서 확인할 수 있다.

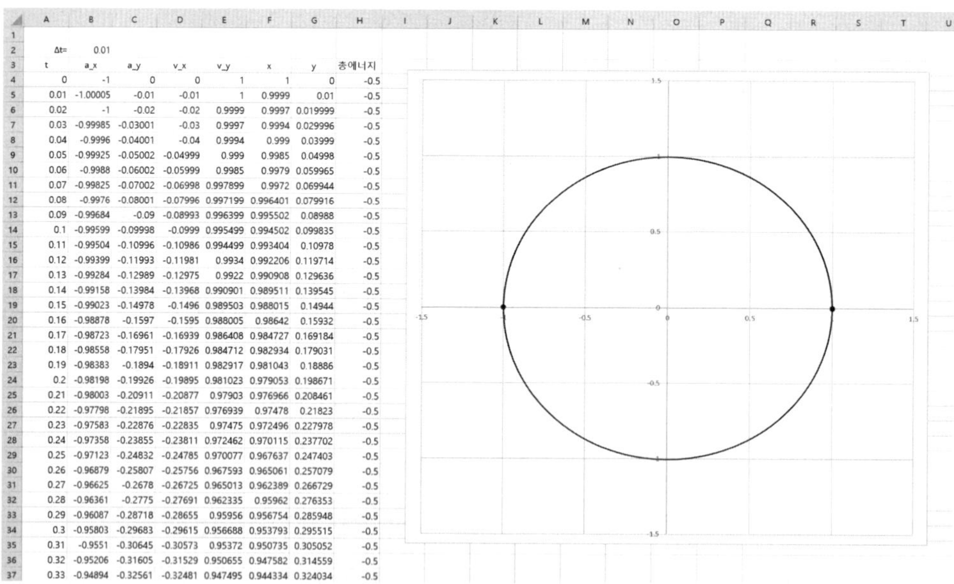

	A	B	C	D	E	F	G	H
1								
2	Δt=	0.01						
3	t	a_x	a_y	v_x	v_y	x	y	총에너지
4	0	-1	0	0	1	1	0	-0.5
5	0.01	-1.00005	-0.01	-0.01	1	0.9999	0.01	-0.5
6	0.02	-1	-0.02	-0.02	0.9999	0.9997	0.019999	-0.5
7	0.03	-0.99985	-0.03001	-0.03	0.9997	0.9994	0.029996	-0.5
8	0.04	-0.9996	-0.04001	-0.04	0.9994	0.999	0.03999	-0.5
9	0.05	-0.99925	-0.05002	-0.04999	0.999	0.9985	0.04998	-0.5
10	0.06	-0.9988	-0.06002	-0.05999	0.9985	0.9979	0.059965	-0.5
11	0.07	-0.99825	-0.07002	-0.06998	0.997899	0.9972	0.069944	-0.5
12	0.08	-0.9976	-0.08001	-0.07996	0.997199	0.996401	0.079916	-0.5
13	0.09	-0.99684	-0.09	-0.08993	0.996399	0.995502	0.08988	-0.5
14	0.1	-0.99599	-0.09998	-0.0999	0.995499	0.994502	0.099835	-0.5
15	0.11	-0.99504	-0.10996	-0.10986	0.994499	0.993404	0.10978	-0.5
16	0.12	-0.99399	-0.11993	-0.11981	0.9934	0.992206	0.119714	-0.5
17	0.13	-0.99284	-0.12989	-0.12975	0.9922	0.990908	0.129636	-0.5
18	0.14	-0.99158	-0.13984	-0.13968	0.990901	0.989511	0.139545	-0.5
19	0.15	-0.99023	-0.14978	-0.1496	0.989503	0.988015	0.14944	-0.5
20	0.16	-0.98878	-0.1597	-0.1595	0.988005	0.98642	0.15932	-0.5
21	0.17	-0.98723	-0.16961	-0.16939	0.986408	0.984727	0.169184	-0.5
22	0.18	-0.98558	-0.17951	-0.17926	0.984712	0.982934	0.179031	-0.5
23	0.19	-0.98383	-0.1894	-0.18911	0.982917	0.981043	0.18886	-0.5
24	0.2	-0.98198	-0.19926	-0.19895	0.981023	0.979053	0.198671	-0.5
25	0.21	-0.98003	-0.20911	-0.20877	0.97903	0.976966	0.208461	-0.5
26	0.22	-0.97798	-0.21895	-0.21857	0.976939	0.97478	0.21823	-0.5
27	0.23	-0.97583	-0.22876	-0.22835	0.97475	0.972496	0.227978	-0.5
28	0.24	-0.97358	-0.23855	-0.23811	0.972462	0.970115	0.237702	-0.5
29	0.25	-0.97123	-0.24832	-0.24785	0.970077	0.967637	0.247403	-0.5
30	0.26	-0.96879	-0.25807	-0.25756	0.967593	0.965061	0.257079	-0.5
31	0.27	-0.96625	-0.2678	-0.26725	0.965013	0.962389	0.266729	-0.5
32	0.28	-0.96361	-0.2775	-0.27691	0.962335	0.95962	0.276353	-0.5
33	0.29	-0.96087	-0.28718	-0.28655	0.95956	0.956754	0.285948	-0.5
34	0.3	-0.95803	-0.29683	-0.29615	0.956688	0.953793	0.295515	-0.5
35	0.31	-0.9551	-0.30645	-0.30573	0.95372	0.950735	0.305052	-0.5
36	0.32	-0.95206	-0.31605	-0.31529	0.950655	0.947582	0.314559	-0.5
37	0.33	-0.94894	-0.32561	-0.32481	0.947495	0.944334	0.324034	-0.5

[그림 26-1] $(x, y)=(1, 0)$, $(v_x, v_y)=(0, 1)$인 경우 $e=0$인 원궤도

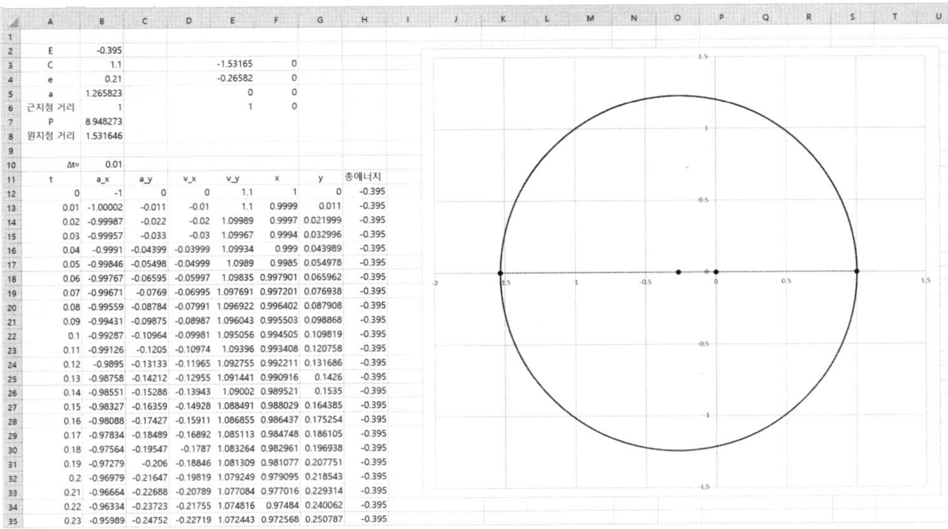

	A	B	C	D	E	F	G	H
1								
2	E	-0.395						
3	C	1.1			-1.53165	0		
4	e	0.21			-0.26582	0		
5	a	1.265823			0	0		
6	근지점 거리	1			1	0		
7	P	8.948273						
8	원지점 거리	1.531646						
9								
10	Δt=	0.01						
11	t	a_x	a_y	v_x	v_y	x	y	총에너지
12	0	-1	0	0	1.1	1	0	-0.395
13	0.01	-1.00002	-0.011	-0.01	1.1	0.9999	0.011	-0.395
14	0.02	-0.99987	-0.022	-0.02	1.09989	0.9997	0.021999	-0.395
15	0.03	-0.99957	-0.033	-0.03	1.09967	0.9994	0.032996	-0.395
16	0.04	-0.9991	-0.04399	-0.03999	1.09934	0.999	0.043989	-0.395
17	0.05	-0.99846	-0.05498	-0.04999	1.0989	0.9985	0.054978	-0.395
18	0.06	-0.99767	-0.06595	-0.05997	1.09835	0.997901	0.065962	-0.395
19	0.07	-0.99671	-0.0769	-0.06995	1.097691	0.997201	0.076938	-0.395
20	0.08	-0.99559	-0.08784	-0.07991	1.096922	0.996402	0.087908	-0.395
21	0.09	-0.99431	-0.09875	-0.08987	1.096043	0.995503	0.098868	-0.395
22	0.1	-0.99287	-0.10964	-0.09981	1.095056	0.994505	0.109819	-0.395
23	0.11	-0.99126	-0.1205	-0.10974	1.09396	0.993408	0.120758	-0.395
24	0.12	-0.9895	-0.13133	-0.11965	1.092755	0.992211	0.131686	-0.395
25	0.13	-0.98758	-0.14212	-0.12955	1.091441	0.990916	0.1426	-0.395
26	0.14	-0.98551	-0.15288	-0.13943	1.09002	0.989521	0.1535	-0.395
27	0.15	-0.98327	-0.16359	-0.14928	1.088491	0.988029	0.164385	-0.395
28	0.16	-0.98088	-0.17427	-0.15911	1.086855	0.986437	0.175254	-0.395
29	0.17	-0.97834	-0.18489	-0.16892	1.085113	0.984748	0.186105	-0.395
30	0.18	-0.97564	-0.19547	-0.1787	1.083264	0.982961	0.196938	-0.395
31	0.19	-0.97279	-0.206	-0.18846	1.081309	0.981077	0.207751	-0.395
32	0.2	-0.96979	-0.21647	-0.19819	1.079249	0.979095	0.218543	-0.395
33	0.21	-0.96664	-0.22688	-0.20789	1.077084	0.977016	0.229314	-0.395
34	0.22	-0.96334	-0.23723	-0.21755	1.074816	0.97484	0.240062	-0.395
35	0.23	-0.95989	-0.24752	-0.22719	1.072443	0.972568	0.250787	-0.395

[그림 26-2] $(x, y) = (1, 0)$, $(v_x, v_y) = (0, 1.1)$인 경우 $e = 0.21$인 타원궤도

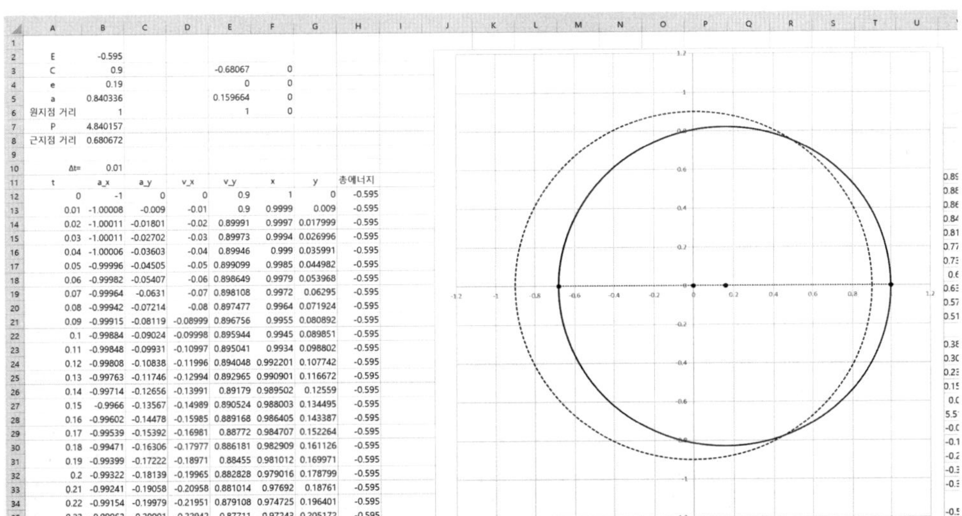

	A	B	C	D	E	F	G	H
1								
2	E	-0.595						
3	C	0.9			-0.68067	0		
4	e	0.19			0	0		
5	a	0.840336			0.159664	0		
6	원지점 거리	1			1	0		
7	P	4.840157						
8	근지점 거리	0.680672						
9								
10	Δt=	0.01						
11	t	a_x	a_y	v_x	v_y	x	y	총에너지
12	0	-1	0	0	0.9	1	0	-0.595
13	0.01	-1.00008	-0.009	-0.01	0.9	0.9999	0.009	-0.595
14	0.02	-1.00011	-0.01801	-0.02	0.89991	0.9997	0.017999	-0.595
15	0.03	-1.00011	-0.02702	-0.03	0.89973	0.9994	0.026996	-0.595
16	0.04	-1.00006	-0.03603	-0.04	0.89946	0.999	0.035991	-0.595
17	0.05	-0.99996	-0.04505	-0.05	0.899099	0.9985	0.044982	-0.595
18	0.06	-0.99982	-0.05407	-0.06	0.898649	0.9979	0.053968	-0.595
19	0.07	-0.99964	-0.0631	-0.07	0.898108	0.9972	0.06295	-0.595
20	0.08	-0.99942	-0.07214	-0.08	0.897477	0.9964	0.071924	-0.595
21	0.09	-0.99915	-0.08119	-0.08999	0.896756	0.9955	0.080892	-0.595
22	0.1	-0.99884	-0.09024	-0.09998	0.895944	0.9945	0.089851	-0.595
23	0.11	-0.99848	-0.09931	-0.10997	0.895041	0.9934	0.098802	-0.595
24	0.12	-0.99808	-0.10838	-0.11996	0.894048	0.992201	0.107742	-0.595
25	0.13	-0.99763	-0.11746	-0.12994	0.892965	0.990901	0.116672	-0.595
26	0.14	-0.99714	-0.12656	-0.13991	0.89179	0.989502	0.12559	-0.595
27	0.15	-0.9966	-0.13567	-0.14989	0.890524	0.988003	0.134495	-0.595
28	0.16	-0.99602	-0.14478	-0.15985	0.889168	0.986405	0.143387	-0.595
29	0.17	-0.99539	-0.15392	-0.16981	0.88772	0.984707	0.152264	-0.595
30	0.18	-0.99471	-0.16306	-0.17977	0.886181	0.982909	0.161126	-0.595
31	0.19	-0.99399	-0.17222	-0.18971	0.88455	0.981012	0.169971	-0.595
32	0.2	-0.99322	-0.18139	-0.19965	0.882828	0.979016	0.178799	-0.595
33	0.21	-0.99241	-0.19058	-0.20958	0.881014	0.97692	0.18761	-0.595
34	0.22	-0.99154	-0.19979	-0.21951	0.879108	0.974725	0.196401	-0.595
35	0.23	-0.99063	-0.20901	-0.22942	0.87711	0.97243	0.205172	-0.595
36	0.24	-0.98966	-0.21825	-0.23933	0.87502	0.970037	0.213922	-0.595
37	0.25	-0.98865	-0.22751	-0.24923	0.872838	0.967545	0.22265	-0.595

[그림 26-3] $(x, y) = (1, 0)$, $(v_x, v_y) = (0, 0.9)$인 경우 $e = 0.19$인 타원궤도

R11

	A	B	C	D	E	F	G	H
1								
2	E	0						
3	C	1.414214						
4	e	1			0	0		
5	a	없음			1	0		
6	근지점 거리	1						
7	P	없음						
8	원지점 거리	없음						
9								
10	Δt=	0.01						
11	t	a_x	a_y	v_x	v_y	x	y	총에너지
12	0	-1	0	0	1.414214	1	0	0
13	0.01	-0.9999	-0.01414	-0.01	1.414214	0.9999	0.014142	0
14	0.02	-0.9994	-0.02827	-0.02	1.414072	0.9997	0.028283	0
15	0.03	-0.9985	-0.04238	-0.02999	1.413789	0.9994	0.042421	0
16	0.04	-0.9972	-0.05645	-0.03998	1.413366	0.999	0.056554	0
17	0.05	-0.99551	-0.07047	-0.04995	1.412801	0.998501	0.070682	0
18	0.06	-0.99343	-0.08442	-0.05991	1.412096	0.997902	0.084803	0
19	0.07	-0.99096	-0.0983	-0.06984	1.411252	0.997203	0.098916	0
20	0.08	-0.9881	-0.11208	-0.07975	1.410269	0.996406	0.113019	0
21	0.09	-0.98486	-0.12575	-0.08963	1.409148	0.99551	0.12711	0
22	0.1	-0.98125	-0.13931	-0.09948	1.407891	0.994515	0.141189	0
23	0.11	-0.97727	-0.15273	-0.10929	1.406498	0.993422	0.155254	0
24	0.12	-0.97292	-0.16601	-0.11906	1.404971	0.992231	0.169304	0
25	0.13	-0.96823	-0.17913	-0.12879	1.40331	0.990943	0.183337	0
26	0.14	-0.96318	-0.19209	-0.13848	1.401519	0.989559	0.197352	0
27	0.15	-0.9578	-0.20487	-0.14811	1.399598	0.988077	0.211348	0
28	0.16	-0.95209	-0.21746	-0.15769	1.397549	0.986501	0.225323	0
29	0.17	-0.94605	-0.22986	-0.16721	1.395375	0.984829	0.239277	0
30	0.18	-0.93971	-0.24204	-0.17667	1.393076	0.983062	0.253208	0
31	0.19	-0.93306	-0.25401	-0.18606	1.390656	0.981201	0.267115	0
32	0.2	-0.92612	-0.26575	-0.19539	1.388116	0.979247	0.280996	0
33	0.21	-0.91891	-0.27726	-0.20466	1.385458	0.977201	0.29485	0
34	0.22	-0.91142	-0.28853	-0.21384	1.382686	0.975062	0.308677	0
35	0.23	-0.90367	-0.29955	-0.22296	1.3798	0.972833	0.322475	0
36	0.24	-0.89568	-0.31032	-0.232	1.376805	0.970513	0.336243	0
37	0.25	-0.88744	-0.32082	-0.24095	1.373702	0.968103	0.34998	0

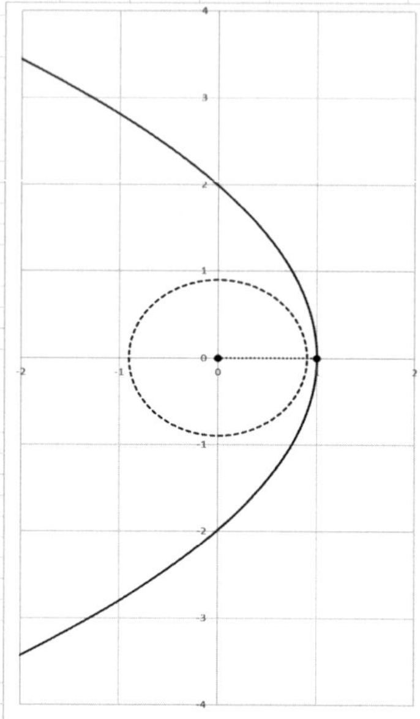

[그림 26-4] $(x,y)=(1,0)$, $(v_x,v_y)=(0,\sqrt{2})$인 경우 $e=1$인 포물선궤도

	A	B	C	D	E	F	G	H
1								
2	E	0.445						
3	C	1.7						
4	e	1.89			0	0		
5	a	없음			1	0		
6	근지점 거리	1						
7	P	없음						
8	원지점 거리	없음						
9								
10	Δt=	0.01						
11	t	a_x	a_y	v_x	v_y	x	y	총에너지
12	0	-1	0	0	1.7	1	0	0.445
13	0.01	-0.99977	-0.017	-0.01	1.7	0.9999	0.017	0.445
14	0.02	-0.99887	-0.03397	-0.02	1.69983	0.9997	0.033998	0.445
15	0.03	-0.9973	-0.05089	-0.02999	1.69949	0.9994	0.050993	0.445
16	0.04	-0.99508	-0.06772	-0.03996	1.698981	0.999001	0.067983	0.445
17	0.05	-0.99221	-0.08443	-0.04991	1.698304	0.998501	0.084966	0.445
18	0.06	-0.98869	-0.101	-0.05983	1.69746	0.997903	0.101941	0.446
19	0.07	-0.98454	-0.11739	-0.06972	1.69645	0.997206	0.118905	0.446
20	0.08	-0.97977	-0.13359	-0.07956	1.695276	0.99641	0.135858	0.446
21	0.09	-0.97439	-0.14956	-0.08936	1.69394	0.995517	0.152797	0.446
22	0.1	-0.96843	-0.16527	-0.09911	1.692445	0.994526	0.169722	0.446
23	0.11	-0.96189	-0.1807	-0.10879	1.690792	0.993438	0.18663	0.446
24	0.12	-0.95479	-0.19584	-0.11841	1.688985	0.992254	0.20352	0.446
25	0.13	-0.94717	-0.21065	-0.12796	1.687027	0.990974	0.22039	0.446
26	0.14	-0.93903	-0.22511	-0.13743	1.68492	0.9896	0.237239	0.446
27	0.15	-0.9304	-0.23922	-0.14682	1.682669	0.988132	0.254066	0.446
28	0.16	-0.9213	-0.25295	-0.15612	1.680277	0.98657	0.270868	0.446
29	0.17	-0.91176	-0.26628	-0.16534	1.677747	0.984917	0.287646	0.446
30	0.18	-0.9018	-0.2792	-0.17445	1.675084	0.983172	0.304397	0.447
31	0.19	-0.89145	-0.29171	-0.18347	1.672292	0.981338	0.32112	0.447
32	0.2	-0.88073	-0.30378	-0.19239	1.669375	0.979414	0.337813	0.447
33	0.21	-0.86967	-0.3154	-0.20119	1.666338	0.977402	0.354477	0.447
34	0.22	-0.85829	-0.32659	-0.20989	1.663184	0.975303	0.371109	0.447
35	0.23	-0.84663	-0.33731	-0.21847	1.659918	0.973118	0.387708	0.447
36	0.24	-0.8347	-0.34758	-0.22694	1.656545	0.970849	0.404273	0.447
37	0.25	-0.82253	-0.35738	-0.23529	1.653069	0.968496	0.420804	0.447

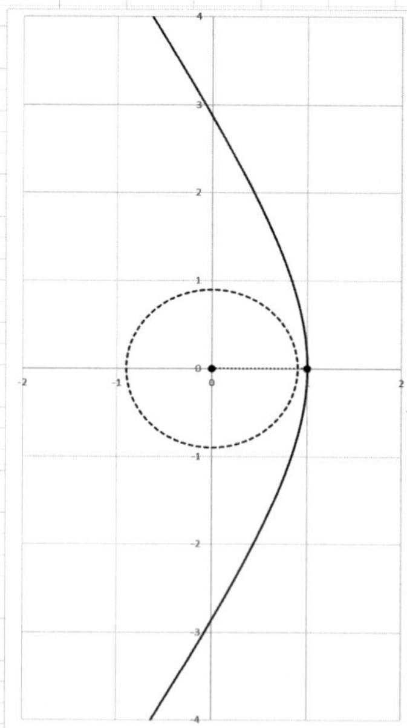

[그림 26-5] $(x,y)=(1,0)$, $(v_x,v_y)=(0,1,7)$인 경우 $e=1.89$인 쌍곡선궤도

제27장 대략의 태양의 위치를 정하는 또 다른 방법[4)]

태양계 행성들의 대략의 위치를 정하는 방법을 E. M. Standish(JPK/Caltech)가 https://ssd.jpl.nasa.gov/planets/approx_pos.html에서 제시하고 있다. 지구 대신 지구-달 계의 질량 중심(질량 중심이 대략 지구중심에서 지구 반경의 0.865정도에 있기에 지구 내부에 있다. 앞으로는 줄여서 '질량 중심'이라고 하겠다.)의 위치를 구하는 방법을 제시하고 있다. 오차가 적경은 40초, 적위는 15초, 15,000km의 정확도를 갖고 있다. 여기서의 적경, 적위 모두 태양을 중심으로 하는 적경, 적위이다. [표 27－1]은 2000년 1월 1일 12:00 UT 때의 지구-달 질량 중심의 궤도 요소를 보여주고 시간에 따른 변화량도 함께 보여준다. 황도경사각이 아주 적지만 대략 2초 정도가 된다. 따라서 질량 중심은 황도를 위 아래로 아주 미세한 각도로 넘나든다.

[표 27-1] 지구-달 질량 중심의 궤도 요소

	a	e	i	L	ϖ (근일점 경도)	Ω (승교점 경도)
	AU, AU/세기	rad, rad/세기	도, 도/세기	도, 도/세기	도, 도/세기	도, 도/세기
지구-달 질량 중심	1.00000018	0.01673163	-0.00054346	100.4669157	102.9300589	-5.11260389
변화량	-0.00000003	-0.00003661	-0.01337178	35999.37306	0.3179526	-0.24123856

태양을 중심으로 하는 지구와 달 계의 질량 중심의 위치를 구하기 위해서 [표 27－1]을 이용할 것이다. 어떤 날의 율리우스 역일(Julian day)을 t_{eph}이라 하면

4) https://ssd.jpl.nasa.gov/planets/approx_pos.html 을 참조

$$t = \frac{t_{eph} - 2451545.0}{34525} \qquad (27\text{-}1)$$

$$a = a_0 + a_1 t,\ e = e_0 + e_1 t,\ i = i_0 + i_1 t,\ L = L_0 + L_1 t,$$

$$\varpi = \varpi_0 + \varpi_1 t,\ \Omega = \Omega_0 + \Omega_1 t \qquad (27\text{-}2)$$

을 계산한다. 여기서 L은 $\overline{\lambda}$와 같다. L의 변화량인 L_1은 35999.37306°/centry는 0.985609°/day=0;59.08,11.57°/day로 360도를 이 값으로 나누면 365.2564일인 항성년이 나온다. '질량 중심'은 천구의 어떤 점에 대하여 하루에 이만한 각속도로 움직인다. 그런데 ϖ의 변화량인 ϖ_1은 1년에 11.45초이다. 이 변화량은 '질량 중심' 궤도 자체의 세차운동에 의한 춘분점이동 $\varpi_{궤도}$이다. 지구의 자전축의 세차운동에 의한 춘분점이동인 $\varpi_{자전축}$도 있다. 회귀년인 365.2422일에 해당하는 하루 운행 각속도가 앞에서는 n으로 표시하였다. 그리고 $n \simeq \dfrac{360°}{365.2422일} = 0.985647°$/일이다. 그런데 $n - L_1 = 3.83 \times 10^{-5°}$/일 $= 50.3843''$/년이 된다. 즉 $n - L_1 = \varpi_{자전축}$이 값은 지구 자전축의 세차운동에 의한 춘분점 이동인 $\varpi_{자전축}$이다.

이제 '질량 중심' 궤도에서 승교점에서 근일점까지 경도인 근일점 편각(perihelion argument) ω와 승교점 경도(longitude of ascending node) Ω, 근일점 경도(longitude of perihelion) ϖ 사이의 관계와 평균근점이각(mean anomaly) M을 구해보자. 그러면

$$\omega = \varpi - \Omega \qquad (27\text{-}3)$$

$$M = L - \varpi \qquad (27\text{-}4)$$

이 주어진다. (27-4)식에 (27-2)식을 대입하고 $\dot{\varpi} = \varpi_{궤도} + \varpi_{자전축}$이기에

$$M = L - \varpi = L_0 + L_1 t - \varpi_0 - \varpi_1 t = (L_0 - \varpi_0) + (L_1 - \varpi_1)t$$
$$= M_0 + (n - \varpi_{자전축} - \varpi_{궤도})t = M_0 + (n - \dot{\varpi})t \qquad (27\text{-}5)$$

이다. 즉 (27-5)를 통해 (2-7)식과 동일하다는 것을 알았다. M을 구한 후에 케플러 방정식

$$M = E - e\sin E \qquad (27\text{-}6)$$

을 이용하여 이심근점이각(eccentric anomaly) E를 뉴턴 방법을 이용하여 구한다. 태양을 중심으로 하고 '질량 중심'이 이루는 평면에서 위치를 (x', y', z')이라 하자. 그러면

$$x' = a(\cos E - e) \qquad (27\text{-}7\text{-}1)$$
$$y' = a\sqrt{1-e^2}\,\sin E \qquad (27\text{-}7\text{-}2)$$
$$z' = 0 \qquad (27\text{-}7\text{-}3)$$

이 된다. 이제 2000년 1월 1일 12:00 UT 기준 황도면(x축 방향이 춘분점)에 대하여 '질량 준심'의 황도상의 위치는 $z' = 0$이기에

$$x_{ecl} = (\cos\omega\cos\Omega - \sin\omega\sin\Omega\cos i)x'$$
$$+ (-\sin\omega\cos\Omega - \cos\omega\sin\Omega\cos i)y' \qquad (27\text{-}8\text{-}1)$$
$$y_{ecl} = (\cos\omega\sin\Omega + \sin\omega\cos\Omega\cos i)x'$$
$$+ (-\sin\omega\sin\Omega + \cos\omega\cos\Omega\cos i)y' \qquad (27\text{-}8\text{-}2)$$
$$z_{ecl} = (\sin\omega\sin i)x' + (\cos\omega\sin i)y' \qquad (27\text{-}8\text{-}3)$$

이 되고, 2000년 1월 1일 12:00 UT 기준 적도면에서 적도상의 위치를 $\epsilon = 23.43928°$로 거의 변하지 않는다고 가정하고 다음과 같이 구할 수 있다.

$$x_{eq} = x_{ecl} \tag{27-9-1}$$

$$y_{eq} = y_{ecl}\cos\epsilon - z_{ecl}\sin\epsilon \tag{27-9-2}$$

$$z_{eq} = y_{ecl}\sin\epsilon + z_{ecl}\cos\epsilon \tag{27-9-3}$$

가 된다.

(27-8)식들과 (27-9)식들로 구한 좌표는 태양을 중심으로 했을 때, '질량 중심'의 좌표이다. 따라서 '질량 중심'을 그냥 여기서는 지구라고 하겠다. 지구를 중심으로 하는 태양의 위치는

$$(-x_{ecl}, -y_{ecl}, -z_{ecl}) \tag{27-10-1}$$

$$(-x_{eq}, -y_{eq}, -z_{eq}) \tag{27-10-2}$$

가 된다.

이제 태양의 황도 좌표 (λ, β)와 적도 좌표 (α, δ)는 각각

$$\lambda = atan2(-x_{ecl}, -y_{ecl}),\ \beta = atan2(\sqrt{x_{ecl}^2 + y_{ecl}^2}, -z_{ecl}) \tag{27-11-1}$$

$$\alpha = atan2(-x_{eq}, -y_{eq}),\ \delta = atan2(\sqrt{x_{eq}^2 + y_{eq}^2}, -z_q) \tag{27-11-2}$$

로 구할 수 있다. 이를 이용해서 2023년 8월 8일 0:00 UT에 태양의 위치를 어림해 보았다([표 27-2]). 한국천문연구원 발행 2023년 《역서》에 기록된 같은 날 태양의 황도좌표, 적도좌표와 비교해 보면 황경과 적경은 20′ 정도 차이가 나고, 적위는 5.56′ 정도 차이가 난다. 이는 지구와 달의 질량 중심의 위치가 지구의 위치가 아니기 때문에 이만큼의 차이가 나타난 것으로 보인다.

[표 27-2] 2023-08-08 0:00 UT 때 태양의 대략의 위치

2023-08-08 0:00 UT, $\Delta t=8619.5$일, $\Delta t/36525=0.235989049$					
a	**e**	**i**	**L**	ϖ	Ω
1.000000173	0.016723	-0.003699054	315.9247	103.005092	-5.169534
M	M(rad)	E1	E2	E3	E
212.919622	3.716148	3.707185951	3.707186	3.70718631	212.40613
x'	y'	z'		ε	ω
-0.860993739	-0.53584	0		23.43928	108.17463
x(ecl)	y(ecl)	z(ecl)	-x(ecl)	-y(ecl)	-z(ecl)
0.715853958	-0.71832	4.20227E-05	-0.71585	0.71832462	-4.2E-05
x(eq)	y(eq)	z(eq)	-x(eq)	-y(eq)	-z(eq)
0.715853958	-0.65907	-0.285694442	-0.71585	0.65906673	0.2856944
(λ, β)=(134;54.4.6675, -0;00,8.5471) (α, δ)=(137;21,54.3856, 16;,21,45.7268)=($9^h9^m27.6232^s$, 16;,21,45.7268)					

제28장 지구 궤도 자체의 세차운동에 대한 이론적 고찰[5)]

우리는 25장에서 (25-23)식들을 이용하여 태양을 중심으로 하는 천체의 궤도가 원뿔을 자른 단면이 보여주는 모든 형태의 궤도를 가질 수 있음을 보였다. (25-23-1)식 대신에 (25-14)을 이용해보자. 여기서는 $u=\frac{1}{r}$로 치환한다. 그러면

$$\frac{dr}{dt}=-\frac{1}{u^2}\frac{du}{d\theta}\dot{\theta}=-r^2\dot{\theta}\frac{du}{d\theta}=-C\frac{du}{d\theta} \tag{28-1-1}$$

$$\frac{d^2r}{dt^2}=-C\frac{d^2u}{d\theta^2}\dot{\theta}=-C^2u^2\frac{d^2u}{d\theta^2} \tag{28-1-2}$$

이 된다. 이를 (25-14)[6)]식에 대입하면

$$\frac{d^2u}{d\theta^2}+u=\frac{GM}{C^2} \tag{28-2}$$

을 얻는다. (28-2)의 알반해는

$$u(\theta)=\frac{GM}{C^2}\{1+e\cos(\theta-\theta_0)\} \tag{28-3}$$

---

5) Richard Fitzpatrick(2016)가 그의 '천체역학' 홈페이지인 https://farside.ph.utexas.edu/teaching/celestial/Celestial/node40.html에 쓰여진 것을 참고로 하여 재구성하였다.

6) $\ddot{r}=-\frac{GM}{r^2}+\frac{C^2}{r^3}$

이 된다. $\theta=\theta_0$에서 u값은 최대가 되기에 r은 최소가 된다. $\theta_0=0$으로 놓으면 (28-2)식은 $r_c=\frac{C^2}{GM}$이라 놓으면

$$r=\frac{r_c}{1+e\cos\theta} \tag{28-4}$$

가 된다. (28-4)식은 모든 원뿔 곡선을 나타낸다.

(24-14)식의 우변 첫째항은 $F(r)=-\frac{GM}{r^2}$이다. 만약 중력 퍼텐셜 $V(r)=-\frac{GM}{r}$ 이면 $F(r)=-\frac{dV}{dr}$이 된다. 따라서 (24-14)식을 일반적으로 표현하면

$$\ddot{r}=-\frac{dV}{dr}+\frac{C^2}{r^3} \tag{28-5}$$

라 쓸 수 있다. (28-5)는 다시

$$\frac{d^2u}{d\theta^2}+u=-\frac{1}{C^2}\frac{dV}{du} \tag{28-6}$$

으로 쓸 수 있다. $V(r)$은 r만의 함수이기에 $F(r)=-\frac{dV}{dr}$을 중심력(central force)라고 부른다. (28-6)은 중심력이 작용하는 모든 물체의 궤도를 나타낸다. 이 궤도는 물론 $r^2\dot{\theta}=C$ 즉 단위질량당 각운동량 보존을 만족시킨다.

(28-5)식에 $F(r)=-\frac{dV}{dr}$을 대입하여 다시 써보면

$$\ddot{r}=F(r)+\frac{C^2}{r^3} \tag{28-7}$$

이 되고 $\ddot{r}=0$인 경우 $r=r_c$ 지점에서 힘의 평형을 이룬다고 하자. 그러면

$$F(r_c)=-\frac{C^2}{r_c^3} \tag{28-8}$$

이 궤도가 원궤도라고 하자. 그러면 r_c는 원궤도의 반경이 된다.

이제 궤도가 원궤도에 대해 ξ 만큼 조금 벗어난다면,

$$r=r_c+\xi \tag{28-9}$$

라고 하면 이 식을 (28-7)식에 대립하면

$$\ddot{\xi}-\frac{C^2}{(r_c+\xi)^3}=F(r_c+\xi) \tag{28-10}$$

이 된다. 이 식을 $\xi \ll 1$인 경우에 정리하면

$$\ddot{\xi}-\frac{C^2}{r_c^3}\left(1-3\frac{\xi}{r_c}\right)=F(r_c)+\xi F'(r_c) \tag{28-11}$$

이 된다. 이 식을 (28-8)식을 이용해 정리하면

$$\ddot{\xi}+\left\{-\frac{3F(r_c)}{r_c}-F'(r_c)\right\}\xi \tag{28-12}$$

가 된다. 만약

$$\frac{3F(r_c)}{r_c} + F'(r_c) < 0 \tag{28-12}$$

라면 ξ는 진동한다. 진동하는 주기는

$$P = \frac{2\pi}{\sqrt{-\left\{\frac{3F(r_c)}{r_c} + F'(r_c)\right\}}} \tag{28-13}$$

이 되고 천체가 진행하는 각속도 $\dot{\theta}$은 대략

$$\dot{\theta} = \frac{C}{r^2} \simeq \frac{C}{r_c^2} \tag{28-14}$$

인데 천체는 평행이 되는 궤도를 넘어가기도 하고 안으로 들어오기도 하는데, apsidal angle ψ는 r이 최소에서 최대로 혹은 최대에서 최소로 되는 θ각으로 $\psi = \frac{P}{2}\dot{\theta}$이다. 따라서 (28-13)과 (28-14)를 이용하면

$$\psi = \frac{\pi}{\sqrt{3 + r_c \frac{F'(r_c)}{F(r_c)}}} \tag{28-15}$$

가 된다.

지구는 태양뿐 아니라 태양계 내에 있는 다른 행성들로부터도 힘을 받는다. 이러한 힘들은 다루기 쉽지 않다. 다른 행성들의 기여를 다루기 위해서 행성들을 행성들의 거리에 위치한 고리로 취급하였다. 이제 행성의 질량을 m_i라 하고, 평균 궤도 반경을 a_i라 하자. 그리고 태양의 질량을 M이라 하자. 그러면 태양과 다른 행성들에 의해서 만들어지는 m_i행성의 중력 퍼텐셜 $V_i(r)$은

$$V_i(r) = -\frac{GM}{r} - \sum_{k=0,\infty} p_k \left\{ \sum_{j<i} \frac{Gm_j}{a_j} \left(\frac{a_j}{r} \right)^{2k+1} + \sum_{j>i} \frac{Gm_j}{a_j} \left(\frac{a_j}{r} \right)^{-2k} \right\} \quad (28\text{-}26)$$

이다. 여기서 $p_k = [P_{2k}(0)]^2$이고 $P_n(x)$은 르젠드르 다항식(Legendre polynomial)이다. 그러면

$$F_i = \left[-\frac{dV_i}{dr} \right]_{r=r_i} \quad (28\text{-}27)$$

이기에

$$\left[\frac{1}{\sqrt{3 + r\frac{F'}{F}}} \right]_{r=a_i} \simeq 1 + \sum_{k=1,\infty} k(2k+1)p_k \left\{ \sum_{j<i} \frac{m_j}{M} \left(\frac{a_i}{a_j} \right)^{-2k} + \sum_{j>i} \frac{m_j}{M} \left(\frac{a_i}{a_j} \right)^{2k+1} \right\} \quad (28\text{-}28)$$

가 된다. 이제 apsidal angle ψ는

$$\psi_i \simeq \pi + \pi \sum_{k=1,\infty} k(2k+1)p_k \left\{ \sum_{j<i} \frac{m_j}{M} \left(\frac{a_i}{a_j} \right)^{-2k} + \sum_{j>i} \frac{m_j}{M} \left(\frac{a_i}{a_j} \right)^{2k+1} \right\} \quad (28\text{-}29)$$

가 된다. 이제 i 행성의 근일점 이동은

$$\Delta\varpi_i = 2\psi_i - 2\pi \simeq 2\pi \sum_{k=1,\infty} k(2k+1)p_k \left\{ \sum_{j<i} \frac{m_j}{M} \left(\frac{a_i}{a_j} \right)^{-2k} + \sum_{j>i} \frac{m_j}{M} \left(\frac{a_i}{a_j} \right)^{2k+1} \right\} \quad (28\text{-}30)$$

가 된다. 만약 궤도 주기 P_i년이면 $2\pi\ rad = 1296000''$이기에

$$\dot{\varpi}_i = \frac{\Delta\varpi_i}{P_i} \simeq \frac{1296000''}{P_i\text{년}} \sum_{k=1,\infty} k(2k+1)p_k$$
$$\left\{\sum_{j<i}\frac{m_j}{M}\left(\frac{a_i}{a_j}\right)^{-2k} + \sum_{j>i}\frac{m_j}{M}\left(\frac{a_i}{a_j}\right)^{2k+1}\right\} \qquad (28\text{-}31)$$

이 된다. [표 28−1]은 태양계 각 행성 궤도의 근일점 이동을 (28-31)을 이용하여 이론적으로 계산한 값과 관측값을 비교한 것이다.[7] 금성의 경우를 제외하고는 거의 비슷하다. 금성의 경우는 아주 작은 이심률($e = 0.0068$)이 근일점을 작은 섭동에 극도로 민감하게 만들기 때문에 이론적인 값과 관측 값의 차이를 보이는 것으로 설명하고 있다. 지구의 경우는 대략 12″정도이다.

[표 28−1] 각 행성 궤도의 근일점이동

행성	$\dot{\varpi}_{관측}$(″/년)	$\dot{\varpi}_{이론}$(″/년)
수성	5.75	5.54
금성	2.05	12.7
지구	11.45	12.79
화성	16.18	17.75
목성	6.55	7.51
토성	19.5	18.59
천왕성	3.34	2.75
해왕성	0.36	0.67

7) Standish, E.M. and Williams, E.M. (1992) Orbital Ephemerides of the Sun, Moon, and Planets. In: P.K., S., Ed., Explanatory Supplement to the Astronomical Almanac, University Books, Mill Valley, CA, 279-374.

제29장 지구 자전축의 세차운동에 대한 이론적 고찰8)

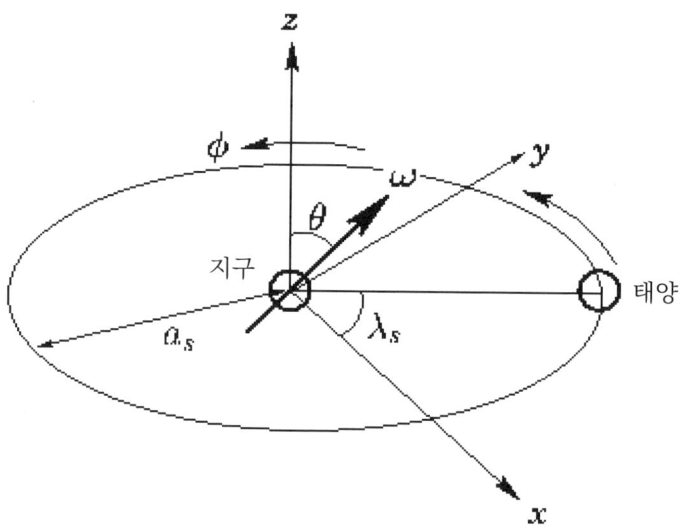

[그림 29-1] 지구-태양 계

[그림 29－1]과 같은 지구-태양 계를 생각해 보자. 지구를 중심으로 하면 태양은 반시계방향으로 1년에 한 번 $a_s = 1.5 \times 10^{11}\mathrm{m}$의 거리를 두고 거의 원궤도를 공전한다. 지구에서 보았을 때에 태양의 궤도가 황도이다. 지구를 중심으로 하고 x축과 y축은 황도면에 있고, z축은 황도북극(용자리에 위치한다.)을 향한다고 하자. 지구의 자전축은 황도면 위를 향한다. 그리고 xyz좌표계를 관성계라 하자. 왜냐하면 지구의 궤도 가속도는 지구 자전에 의한 각속도보다 아주 작기 때문이다. 태양은 x축으로부터 방위각 λ_s만큼 반시계방향으로 떨어진 위치해 있다. 따라서 태양이 x축에 있으면 $\lambda_s = 0$이다.

---

8) Richard Fitzpatrick(2016)의 천체역학 홈페이지 https://farside.ph.utexas.edu/teaching/celestial/Celestial/node74.html에 수록된 내용을 재구성하였고, 그림들도 가져왔다.

이제 $\vec{\omega}$를 지구 자전축의 각속도 벡터라고 하자. 이 벡터는 z축과 θ만큼 각을 이루고 있다. $\theta = 23.44°$가 평균 기울기이다. 만약 $\vec{\omega}$가 황도면에 투사했을 때 y축과 이루는 반시계방향의 각을 ϕ라고 하자. 이제 지구 자전축의 방향을 θ와 ϕ로 나타낼 수 있다.

지구=태양 계에서 $t=0$일 때,$\phi=0$이라 하자. 그러면 $\vec{\omega}$는 yz평면에 놓이게 된다. 그리고 x축의 방향을 춘분점으로 놓자. 이 순간에는 태양의 궤도상의 위치가 지구의 적도로 투사된다. 즉 $\vec{\omega}$ 방향과 수직이다. 춘분점으로부터 황도를 따라 반시계방향으로 잰 각인 λ_s는 황경이 된다.

지구－태양 계의 퍼텐셜에너지는

$$U = M_s\Phi = -\frac{GM_sM}{a_s} + \frac{GM_s(I_\parallel - I_\perp)}{2a_s^3}\left(3\cos^2\gamma_s - 1\right) \qquad (29\text{-}1)^{9)}$$

이 된다. 여기서 M_s, M은 각각 태양과 지구의 질량이다. $I_\parallel$과 $I_\perp$은 각각 지구 자전축에 평행하거나 수직인 지구의 관성모멘트이다. $\vec{r_s}$는 지구에서 태양까지 위치 벡터이다. γ_s는 $\vec{\omega}$와 $\vec{r_s}$의 사잇각이다. $\phi=0$인 경우가 간단하기에

$$\vec{\omega} = \omega(0, \sin\theta, \cos\theta) \qquad (29\text{-}2)$$

$$\vec{r_s} = a_s(\cos\lambda_s, \sin\lambda_s, 0) \qquad (29\text{-}3)$$

이 되기에

$$\cos\gamma_s = \sin\theta\sin\lambda_s \qquad (29\text{-}4)$$

가 된다. (29-4)식을 (29-1)에 대입하면

$$U = -\frac{GM_sM}{a_s} + \frac{GM_s(I_\parallel - I_\perp)}{2a_s^3}\left(3\sin^2\theta\sin^2\lambda_s - 1\right) \qquad (29\text{-}5)$$

9) https://farside.ph.utexas.edu/teaching/celestial/Celestial/node73.html#e13.66a에서 (8-69)식

가 된다. 우리는 1년보다 훨씬 긴 시간 척도에 대한 지구 자전축의 운동에 관심이 있다. 따라서 $\overline{\sin^2\lambda_s}=\frac{1}{2}$이 되기에 (29-5)는

$$U=-\frac{GM_sM}{a_s}+\frac{GM_s(I_\parallel-I_\perp)}{2a_s^3}\left(\frac{3}{2}\sin^2\theta-1\right) \tag{29-6}$$

이 된다. (29-6) 퍼텐셜은

$$U=U_0-\tilde{\epsilon}\alpha_s\cos(2\theta) \tag{29-7}$$

의 형태를 띤다. 여기서 U_0는 상수이다. 그리고

$$\alpha_s=\frac{3}{8}I_\parallel n_s^2 \tag{29-8}$$

$$n_s=\frac{d\lambda_s}{dt}=\sqrt{\frac{GM_s}{a_s^3}} \tag{29-9}$$

$$\tilde{\epsilon}=\frac{I_\parallel-I_\perp}{I_\parallel}=0.00335 \tag{29-10}$$

인데 n_s는 태양의 실제 궤도 각속도이고 $\tilde{\epsilon}$는 지구를 균질한 밀도를 가진 천체로 가정했을 때 지구의 편평도로부터 결정되는 동력학적 지구 타원률(Earth dynamical ellipticity)이다.

지구의 회전 운동에너지는

$$K=\frac{1}{2}\left(I_\perp\dot{\theta}^2+I_\perp\sin^2\theta\dot{\phi}^2+I_\parallel\omega^2\right)$$ (29-7)[10]

이고 여기서

---

10) https://farside.ph.utexas.edu/teaching/celestial/Celestial/node68.html#srotk 와 https://farside.ph.utexas.edu/teaching/celestial/Celestial/node70.html#seulereq 의 도움을 받으면 얻어진다.

$$\omega = \cos\theta\dot{\phi} + \dot{\psi} \tag{29-8}$$[11]

인데 ψ는 세 번째 오일러각이다.

지구의 라그랑지방정식 $\mathcal{L}$ 은

$$\mathcal{L} = K - U = \frac{1}{2}\left(I_{\perp}\dot{\theta}^2 + I_{\perp}\sin^2\theta\dot{\phi}^2 + I_{\parallel}\omega^2\right) + \tilde{\epsilon}\alpha_s\cos(2\theta) \tag{29-9}$$

인데 상수항은 무시하였다.

라그랑지방정식은 각 ψ에 대해 무관하기에

$$p_{\psi} = \frac{\partial\mathcal{L}}{\partial\dot{\psi}} = I_{\parallel}\omega = \text{일정} \tag{29-10}$$

이다. 따라서 ω는 일정하다. 이 값은 지구의 자전 각속도이다. 이 값은 다른 각속도 ω_x, ω_y보다 훨씬 크다. 왜냐하면 $|\dot{\theta}|, |\dot{\phi}| \ll |\dot{\psi}|$이기 때문이다.

라그랑지방정식에 유도되는 또 다른 운동방정식은

$$\frac{d}{dt}\left(\frac{\partial\mathcal{L}}{\partial\dot{\theta}}\right) - \frac{\partial\mathcal{L}}{\partial\theta} = 0 \tag{29-11}$$

인데 이는

$$I_{\perp}\ddot{\theta} - \frac{\partial\mathcal{L}}{\partial\theta} = 0 \tag{29-12}$$

로 유도된다.

우리는 지구자전축인 θ가 고정된, 그리고 $\dot{\phi}$과 $\dot{\psi}$은 일정한, 세차운동을 고려하기로 하자. 그러면 $\dot{\theta} = 0$이다. 따라서 (29-12)식은

$$\frac{\partial\mathcal{L}}{\partial\theta} = 0 \tag{29-13}$$

11) https://farside.ph.utexas.edu/teaching/celestial/Celestial/node71.html#e9.81 (8-54)~(8-56) 참조

이 되고 우리는

$$\frac{1}{2}I_{\perp}\sin(2\theta)\dot{\phi}^2 - I_{\parallel}\sin\theta\,\omega\,\dot{\phi} - 2\tilde{\epsilon}\alpha_s\sin(2\theta) = 0 \tag{29-14}$$

을 얻을 수 있다. 그런데. $|\dot{\phi}| \ll \omega$이기에 (29-14)식은

$$\dot{\phi} \simeq -\frac{4\tilde{\epsilon}a_s\cos\theta}{I_{\parallel}\omega} = -\Omega_{\phi} \tag{29-15}$$

로 어림된다. 이 식을 시간에 대해 적분하면

$$\phi = -\Omega_s t \tag{29-16}$$

가 된다. (29-8)을 이용하면

$$\Omega_{\phi} = \frac{3}{2}\frac{\tilde{\epsilon}n_s^2}{\omega}\cos\theta \tag{29-17}$$

을 얻는다. 지구타원체로 인하여 발생되는 4극자 중력장과 태양과의 상호작용으로 인하여 지구의 자전축이 황도면의 수직한 방향에 대해서 일정하게 $-\Omega_s$의 각속도로 지구의 자전 방향 혹은 태양의 궤도 운동방향과 반대 방향으로 세차운동을 하게 한다. 상호작용은 태양 궤도면의 세차운동 보다는 지구 자전축의 세차운동으로 나타난다. 왜냐하면, 지구 자전축 방향의 관성모멘트가 태양의 궤도 관성모멘트보다 훨씬 크기 때문이다.

세차운동 주기를 항성년 단위로 계산해 보면

$$P_{\phi}(\text{년}) = \frac{n_s}{\Omega_{\phi}} = \frac{2P_s(\text{일})}{3\tilde{\epsilon}\cos\theta} \tag{29-18}$$

이 된다. $P_s(\text{일}) = 365.25$, $\tilde{\epsilon} = 0.00335$, $\theta = 23.44°$라 하면

$$P_{\phi}(\text{년}) \simeq 79225\text{년} \tag{29-19}$$

가 나온다. 이 값은 관측값인 25800년과는 다르다.

달은 태양보다 질량이 작지만 가까이 있기에 달의 영향을 고려해야 한다. 앞에서 다루었던 것처럼 지구와 달 계의 퍼텐셜은 (29-1)과 같이

$$U = M_m \Phi = -\frac{GM_m M}{a_m} + \frac{GM_m (I_{\parallel} - I_{\perp})}{2a_m^3}\left(3\cos^2\gamma_m - 1\right) \tag{29-20}$$

으로 쓸 수 있다. 여기서 M_m과 a_m은 각각 달의 질량과 달 궤도의 평균 반경이다. $\overrightarrow{r_m}$은 지구에서 달까지의 위치 벡터이고, 지구의 각운동량 벡터인 $\overrightarrow{\omega}$와 $\overrightarrow{r_m}$와의 사잇각이 γ_m이다. 그리고

$$\overrightarrow{\omega} = \omega(-\sin\theta\sin\phi, \sin\theta\cos\phi, \cos\theta) \tag{29-21}$$

이다. 달의 궤도는 황도와 $i_m = 5.16°$ 정도 기울어져 있고, α_n을 달 궤도의 승교점 황경이라 하자. 달의 승교점은 달의 공전방향과 반대로 일정하게 18.6년을 주기로 회전한다. 이는 태양에 의한 중력 섭동 때문에 발생한다.

이제 $\overrightarrow{r_m}$은

$$\overrightarrow{r_m} \simeq a_m(\cos\lambda_m, \sin\lambda_m, i_m\sin(\lambda_m - \alpha_n)) \tag{29-22}$$

이 된다. 여기서 λ_m은 달의 황경이다. 그리고 달의 평균 공전각속도 n_m은

$$n_m = \frac{d\lambda_m}{dt} \simeq \sqrt{\frac{GM}{a_m^3}} \tag{29-23}$$

이다. (29-21)와 (29-22)를 이용하면

$$\cos\gamma_s = \sin\theta\sin(\lambda_m - \phi) + i_m\cos\theta\sin(\lambda_m - \alpha_n) \tag{28-24}$$

를 얻는다. 따라서 $i_m^2 \ll 1$이기에

$$U = M_m\Phi = -\frac{GM_mM}{a_m} + \frac{GM_m(I_\parallel - I_\perp)}{2a_m^3}$$
$$\left(3\sin^2\theta\sin^2(\lambda_m - \phi) + 3i_m\sin(2\theta)\sin(\lambda_m - \phi)\right.$$
$$\left.\sin(\lambda_m - \alpha_n) - 1\right) \tag{29-25}$$

가 되다. 이제 우리는 지구자전축의 운동이 한 달보다 훨씬 긴 시간척도에 관심이 있다. 즉
$\overline{\sin^2(\lambda_m - \phi)} = \frac{1}{2}$, $\overline{\sin(\lambda_m - \phi)\sin(\lambda_m - \alpha_n)} = \frac{1}{2}cos(\alpha_n - \phi)$로 놓으면

$$U = U_0' - \tilde{\epsilon}\alpha_m\cos(2\theta) + \tilde{\epsilon}\beta_m\sin(2\theta)\cos(\alpha_n - \phi) \tag{29-26}$$

의 형태를 가진다. 여기서 U_0'는 상수이고

$$\alpha_m = \frac{3}{8}I_\parallel\mu_m n_m^2 \tag{29-27-1}$$

$$\beta_m = \frac{3}{4}I_\parallel i_m\mu_m n_m^2 \tag{29-27-2}$$

$$\mu_m = \frac{M_m}{M} = 0.0123 \tag{28-27-3}$$

이다. 그런데 중력은 중첩할 수 있는 힘이기에 지구-달-태양 계에서는

$$U = U_0'' - \tilde{\epsilon}\alpha\cos(2\theta) + \tilde{\epsilon}\beta_m\sin(2\theta)\cos(\alpha_n - \phi) \tag{29-28}$$

이 된다. 여기서 U_0''은 상수이고, $\alpha = \alpha_s + \alpha_m$ 이다.

지구의 라그랑지방정식은

$$\mathcal{L} = \frac{1}{2}\left(I_\perp \dot{\theta}^2 + I_\perp \sin^2\theta \dot{\phi}^2 + I_\parallel \omega^2\right) + \tilde{\epsilon}\alpha\cos(2\theta)$$
$$- \tilde{\epsilon}\beta_m \sin(2\theta)\cos(\alpha_n - \phi) \tag{29-29}$$

가 된다. 여기서 상수항들은 무시하였다. 그리고 ω는 (29−8)과 동일하다.

운동방정식은

$$\frac{d}{dt}\left(\frac{\partial\mathcal{L}}{\partial\dot{\theta}}\right) - \frac{\partial\mathcal{L}}{\partial\theta} = 0 \tag{29-30-1}$$

$$\frac{d}{dt}\left(\frac{\partial\mathcal{L}}{\partial\dot{\phi}}\right) - \frac{\partial\mathcal{L}}{\partial\phi} = 0 \tag{29-30-2}$$

$$\frac{d}{dt}\left(\frac{\partial\mathcal{L}}{\partial\dot{\psi}}\right) - \frac{\partial\mathcal{L}}{\partial\psi} = 0 \tag{29-30-3}$$

으로 얻을 수 있는데 (29-30-3)식은 (29-12)에서 보았듯이 ω가 일정하다는 것을 보여준다.

(29-30-1, 2)식들은

$$I_\perp \ddot{\theta} - \frac{1}{2} I_\perp \sin(2\theta)\dot{\phi}^2 + I_\parallel \sin\theta\omega\dot{\phi} + 2\tilde{\epsilon}\alpha\sin(2\theta)$$
$$+ 2\tilde{\epsilon}\beta_m \cos(2\theta)\cos(\alpha_n - \phi) = 0 \tag{29-31-1}$$

$$\frac{d}{dt}\left(II_\perp \sin^2\theta\dot{\phi} + I_\parallel \omega\cos\theta\right) + 2\tilde{\epsilon}\beta_m \sin(2\theta)\sin(\alpha_n - \phi) = 0 \tag{29-31-2}$$

이 된다. 이제 $\tilde{\epsilon}$의 1차항까지만 고려해 보자. 그래서

$$\theta(t) = \theta_0 + \tilde{\epsilon}\theta_1 \tag{29-32-1}$$

$$\phi(t) = \tilde{\epsilon}\phi_1 \tag{29-32-2}$$

라 놓자. 여기서 $\theta_0 = 23.44°$ 이다. (29-31-1, 2) 식에 (29-32-1,2) 식들을 대입하면

$$I_\perp \ddot{\theta}_1 + I_\parallel \sin\theta_0 \omega \dot{\phi}_1 + 2\alpha \sin(2\theta_0) + 2\beta_m \cos(2\theta_0)\cos(\Omega_n t) \simeq 0 \tag{29-33-1}$$

$$I_\perp \sin^2\theta_0 \ddot{\phi}_1 - I_\parallel \sin\theta_0 \omega \dot{\theta}_1 - \beta_m \sin(2\theta_0)\sin(\Omega_n t) \simeq 0 \tag{29-33-2}$$

로 어림된다. 여기서 $\Omega_n = \dfrac{d\alpha_n}{dt}$ 이다. 그런데 $\dfrac{d}{dt} \ll \omega$ 이고 $\phi = 0$을 가정했기에

$$\dot{\phi}_1 \simeq -\frac{4\alpha\cos\theta_0}{I_\parallel \omega} - \frac{2\beta_m \cos(2\theta_0)}{I_\parallel \omega \sin\theta_0}\cos(\Omega_n t) \tag{29-34-1}$$

$$\dot{\theta}_1 \simeq -\frac{2\beta_m \cos\theta_0}{I_\parallel \omega}\sin(\Omega_n t) \tag{29-34-2}$$

를 얻을 수 있다. 이 식들을 적분하여 (29-32) 식들에 대입하면

$$\phi(t) = -\Omega_\phi t - \delta\phi \sin(\Omega_n t) \tag{29-35-1}$$

$$\theta(t) = \theta_0 - \delta\theta \cos(\Omega_n t) \tag{29-35-2}$$

이 되는데 여기서

$$\Omega_\phi = \frac{3}{2}\frac{\tilde{\epsilon}\left(n_s^2 + \mu_m n_m^2\right)}{\omega}\cos\theta_0 \tag{29-36-1}$$

$$\delta\phi = \frac{3}{2}\frac{\tilde{\epsilon} i_m \mu_m n_m^2}{\omega \Omega_n}\frac{\cos(2\theta_0)}{\sin\theta_0} \tag{29-36-2}$$

$$\delta\theta = \frac{3}{2}\frac{\tilde{\epsilon} i_m \mu_m n_m^2}{\omega \Omega_n}\cos\theta_0 \qquad (29\text{-}36\text{-}3)$$

이 된다.

이제 $t=0$일 때, $\alpha_n = 0$, $\phi = 0$이라 가정한다. 즉 달 궤도의 승교점이 춘분점에 있다. 그리고 $\Omega_n \gg \Omega_\phi$이다. (29-35-1)에 의하면 지구타원체로 인하여 발생되는 4극자 중력장과 태양과 달이 함께 상호작용하여 지구의 자전축이 황도면의 수직한 방향에 대해 일정하게 $-\Omega_\phi$의 각속도로 지구의 자전 방향 혹은 태양의 궤도 운동 방향과 반대 방향으로 세차운동을 하게 한다. 이러한 세차운동 주기를 항성년 단위로 계산해 보면

$$P_\phi(\text{년}) = \frac{n_s}{\Omega_\phi} = \frac{2P_s(\text{일})}{3\tilde{\epsilon}\left[1+\mu_m/\{P_m(\text{년})\}^2\right]\cos\theta_0} \qquad (29\text{-}37)$$

이 된다. 여기서 $P_s(\text{일}) = 365.25$, $\tilde{\epsilon} = 0.00335$, $\theta_0 = 23.44^\circ$, $\mu_m = 0.0123$이다. $P_m(\text{년}) = \dfrac{n_s}{n_m} = 0.0748$로 달의 항성월을 항성년단위로 계산한 값이다. 이 값들을 (29-37)에 대입하면

$$P_\phi(\text{년}) \simeq 24{,}800\text{년} \qquad (29\text{-}19)$$

이 나온다. 이 값은 관측값인 25800년과 거의 비슷하다. 조금 차이가 나는 이유는 아마도 지구를 중심으로 한 태양과 달의 궤도가 이심률이 작지만 타원궤도이고 지구를 균질한 천체로 취급하였기 때문이 아닌가 한다.

지구의 자전축은 지금은 거의 북극성을 가리키고 있지만 황도 북극을 중심으로 23.44°의 각반경을 가진 원을 따라 대략 25,800년의 주기를 가지고 천구 상에서 [그림 29－2]가 보여주는 것 같이 움직인다. 황도와 적도가 만나는 점이 춘분점이나 추분점인데 지구 자전축이 세차운동을 하기에 적도가 세차운동을 하고 만나는

점인 춘분점이 추분점이 황도를 따라 태양이 진행하는 방향의 반대 방향으로 이동한다. 이를 '춘분점이동'이라 하고 천구 상에서는 [그림 29－3]같이 100년 1.4°정도 움직인다. 춘분점이 이동한다는 사실을 고대 바빌로니아 관측을 바탕으로 고대 그리스 천문학자들이 발견했다. 기원전 2000년 경, 고대 이집트나 바빌로니아 천문학에서는 춘분점이 양자리 부근에 있었다. 지금은 물고기자리에 있다. 서기 2600년쯤에는 춘분점이 물병자리로 접어들 것이다. 춘분점은 모든 좌표의 기준점이 되기에 중요하다.

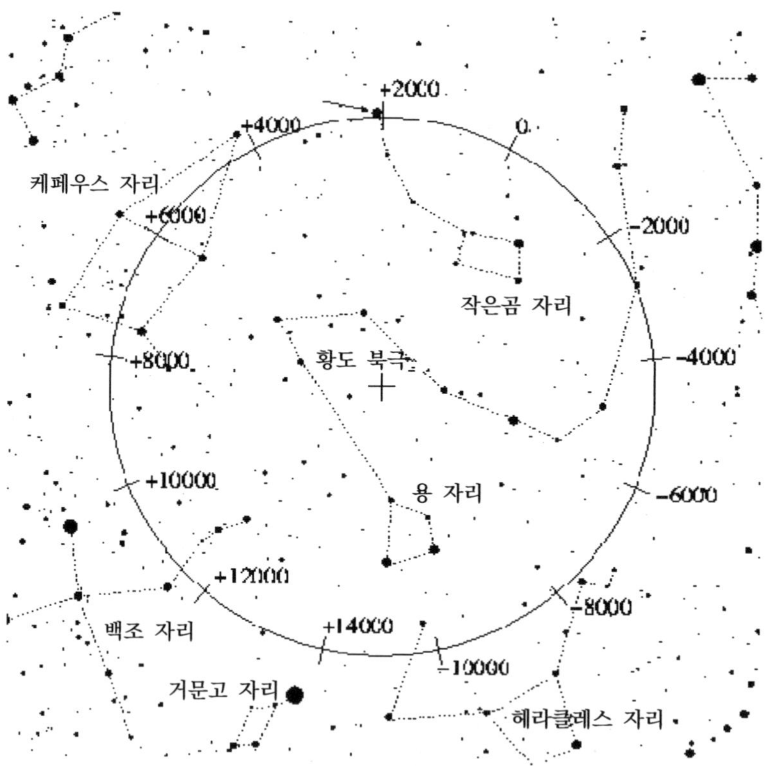

[그림 29-2] 천구의 북극 방향

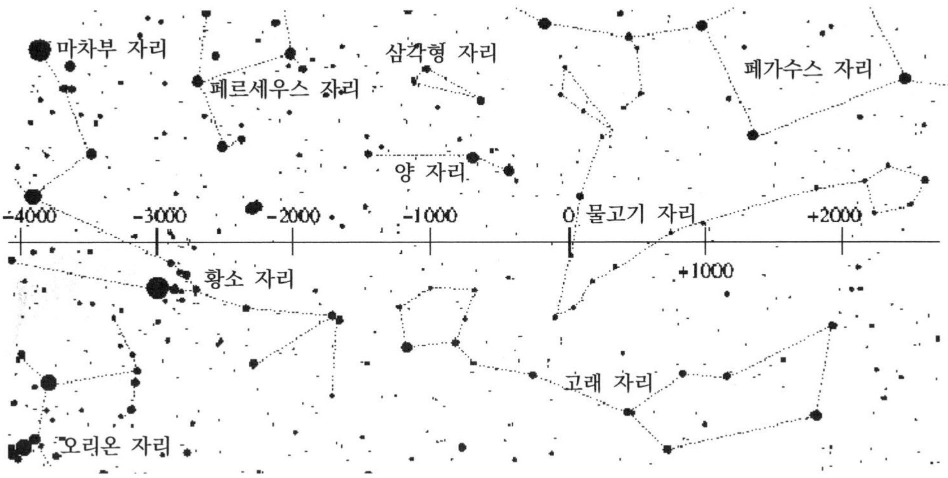

[그림 29-3] 춘분점 이동 방향

(29-35)식들의 우변 두 번째 항들은 달궤도의 황도에 대한 기울기와 승교점의 세차운동으로 인하여 지구자전축을 약간 흔들리게 하는데 이를 장동(nutation)이라 한다. 주기는 승교점의 세차운동 주기로 18.6년이다. (29-36)식들을 다시 써보면

$$\delta\phi = \frac{3}{2}\frac{\tilde{\epsilon}\, i_m \mu_m P_n(\text{년})}{P_s(\text{일})[P_m(\text{년})]^2}\frac{\cos(2\theta_0)}{\sin\theta_0} \tag{29-36-2}$$

$$\delta\theta = \frac{3}{2}\frac{\tilde{\epsilon}\, i_m \mu_m P_n(\text{년})}{P_s(\text{일})[P_m(\text{년})]^2}\cos\theta_0 \tag{29-36-3}$$

인데 $P_n(\text{년}) = \frac{n_s}{\Omega_n} = 18.6$, $i_m = 5.16°$과 함께 $P_s(\text{일}) = 365.25$, $\tilde{\epsilon} = 0.00335$, $\theta_0 = 23.44°$, $\mu_m = 0.0123$를 이 식에 대입하면 $\delta\phi = 17.956''$, $\delta\theta = 9.587''$를 얻는다. 관측값은 17,2″, 9.2″이다. 지구의 장동은 1728년에 브래들리(James Bradley, 1693-1748)에 의하여 처음 발견되었고, 20년 쯤 뒤에 달랑베르와 오일러에 의하여 이론적으로 설명되었다. 장동의 효과는 천구에서 천체의 좌표를 거의 최대 20″의 진폭을 갖고 18.6년의 주기를 가지고 진동하게 한다.

제30장 우리은하 내에서의 태양의 운동

북반구에 위치한 우리나라에서, 빛이 거의 없는 곳에서 여름밤의 밤하늘을 쳐다보면 은하수가 보인다. 이 은하수가 '우리은하'이다. 은하수를 모든 영역의 전자기파로 관측을 해보면 우리은하는 은하 중심에 막대가 있고, 뚜렷한 나선팔이 있는 '막대나선은하'임을 알게 되었다. 은하 중심에서 태양까지의 거리는 8kpc(대략 26000광년)에 이르고 태양은 은하중심을 대략 234km/s의 속도로 2.11억 년을 주기로 공전하고 있다. 대략적으로는 거의 원운동을 한다. 그러나 은하는 거의 2천억 개 이상의 별과 성간물질로 이루어진, 두께를 가진 원반이기에 지구가 태양을 공전하는 단순한 궤도보다 그 형태가 조금 다르다.

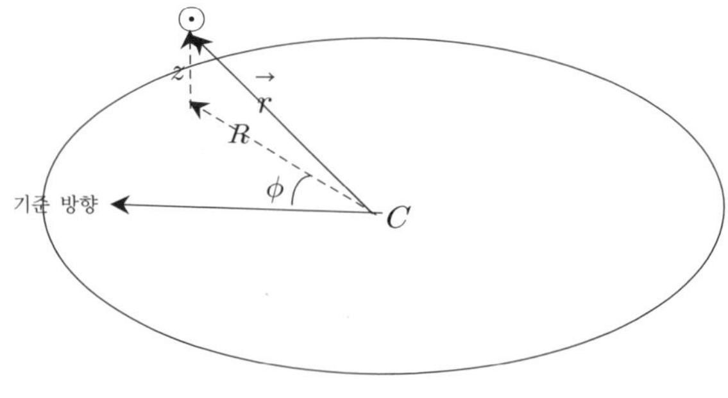

[그림 30-1] 은하원반에서 태양의 위치

[그림 30－1]은 은하원반에 위치한 태양의 위치를 보여준다. 원통형 좌표인 (R, ϕ, z)를 사용할 것이다. 은하 내의 별들 모두가 중력퍼텐셜을 만들어 낸다. 이를 의미하는 식이 포아송(Poisson) 방정식인

$$\nabla^2 \Phi = 4\pi G\rho \tag{30-1}$$

인데 우리가 원반의 밀도분포를 알면 중력 퍼텐셜 Φ를 구할 수 있다.

중력퍼텐셜 Φ에 의한 태양이라는 천체의 운동은 운동방정식인

$$\frac{d^2\vec{r}}{dt^2} = -\nabla\Phi \tag{30-2}$$

를 만족해야 한다. 태양뿐 아니라 은하 내의 개개의 별의 운동은 이 중력퍼텐셜의 영향 하에 있다. $\Phi = \Phi(R, z)$이기에 (29-2)식을 원통좌표를 이용하여 다시 쓰면

$$\ddot{R} - R\dot{\phi}^2 = -\frac{\partial\Phi}{\partial R} \tag{30-3-1}$$

$$\frac{d}{dt}(R^2\dot{\phi}) = -\frac{\partial\Phi}{\partial\phi} = 0 \tag{30-3-2}$$

$$\ddot{z} = -\frac{\partial\Phi}{\partial z} \tag{30-3-3}$$

을 얻는다. (30-3-2)식은

$$R^2\dot{\phi} = C \tag{30-3-4}$$

이다. 즉 단위 질량 당 각운동량의 보존을 의미한다. (30-3-4)식을 (30-3-1)에 대입하면

$$\ddot{R} = -\frac{\partial\Phi_{eff}}{\partial R} \tag{30-4-1}$$

$$\Phi_{eff} = \Phi(R, z) + \frac{C^2}{2R^2} \tag{30-4-2}$$

을 얻는다. (30-4)식들은 태양 중력장 안에서 행성의 운동을 다루었던 식과 같다. 그 경우에는 $\Phi = -\frac{GM}{r}$이었다. (30-4-1)식을 적분하면

$$\frac{1}{2}\dot{R}^2 + \Phi_{eff}(R, z; C) = E \tag{30-5}$$

을 얻는다. 즉 단위 질량당 총에너지가 보존된다. (30-4-2)식을 미분하여 얻은 식을 0이라 놓고 R을 구하면, 즉 $\frac{\partial \Phi_{eff}}{\partial R}=0$이면 $\frac{\partial \Phi}{\partial R}-\frac{C^2}{R^3}=0$이 되기에 힘의 평형을 이루는 반경인 R_c를 구할 수 있다. 이 반경은 원궤도 반경과 같다. 즉 $\left[\frac{\partial \Phi}{\partial R}\right]_{R=R_c}=\frac{C^2}{R_c^3}=[R^2\dot{\phi}]_{R=R_c}$가 된다. 또한 $\frac{\partial \Phi_{eff}}{\partial z}=\frac{\partial \Phi}{\partial z}=0$이기에 $z=0$에서 힘의 평형을 이룬다. 따라서 은하원반에서 별들의 운동은 거의 원운동이다.

그런데 은하의 중력퍼텐셜에 영향을 받는 천체의 운동은 대략 원궤도이지만 실제 궤도는 이 원궤도를 넘나든다. 이제 $R \simeq R_c+\xi$라 하자. 그러면 은하의 유효 중력 퍼텐셜 Φ_{eff}은

$$\Phi_{eff}(R,z) \sim \Phi_{eff}(R_c,0)+\frac{1}{2}\left[\frac{\partial^2 \Phi_{eff}}{\partial R^2}\right]_{R_c,0}\xi^2+\frac{1}{2}\left[\frac{\partial^2 \Phi_{eff}}{\partial z^2}\right]_{R_c,0}z^2+\cdots \quad (30\text{-}6)$$

이 된다. (30-6)식을 (30-4-1)과 (30-3-3)에 대입하여 정리하면

$$\frac{d^2\xi}{dt^2}=-\kappa^2\xi,\ \kappa^2=\left[\frac{\partial^2 \Phi_{eff}}{\partial R^2}\right]_{R_c,0}=\left[\frac{\partial^2 \Phi}{\partial R^2}\right]_{R_c,0}+\frac{3C^2}{R_c^4} \quad (30\text{-}7\text{-}1)$$

$$\frac{d^2 z}{dt^2}=-\nu^2 z,\ \nu^2=\left[\frac{\partial^2 \Phi_{eff}}{\partial z^2}\right]_{R_c,0}=\left[\frac{\partial^2 \Phi}{\partial z^2}\right]_{R_c,0} \quad (30\text{-}7\text{-}2)$$

를 얻는다. (30-7)식들은 $\kappa^2>0$인 경우,

$$\xi=\xi_0\cos(\kappa t+\phi_0) \quad (30\text{-}8\text{-}1)$$

$$z=z_0\cos(\nu t+\theta_0) \quad (30\text{-}8\text{-}2)$$

이다. 그리고 (309-8-1)식은

$$R=R_c+\xi_0\cos(\kappa t+\phi_0) \quad (30\text{-}9)$$

로 쓸 수 있다. (30-8)식은 원운동의 반경이 시간이 지남에 따라 커졌다 작아졌다하

고, (30-8-2)는 원반의 중심부를 위 아래로 왔다 갔다 한다.

Flynn, Sommer-Larson, Christensen(1996)[12]은 우리 은하 속도 곡선을 잘 설명해주는 우리 은하의 중력퍼텐셜을 제시하였다. 이 중력퍼텐셜을 이용하여 (30-2)식을 현재 태양의 우리 은하 내에서의 위치를 kpc단위로 $(x_i, y_i, z_i) = (8, 0, 0.05)$와 속도를 km/s단위로 $(v_{x_i}, v_{y_i}, v_{z_i}) = (-10, 234, 7)$를 가지고 수치해석학적으로 풀면 우리 은하 내에서의 태양의 운동 궤적을 구할 수 있다. [그림 30－2]는 원반에서 $\vec{r} = (x, y)$의 변화를 보여준다. 8.1kpc의 원궤도를 중심으로 넘나들고 있음이 보인다.

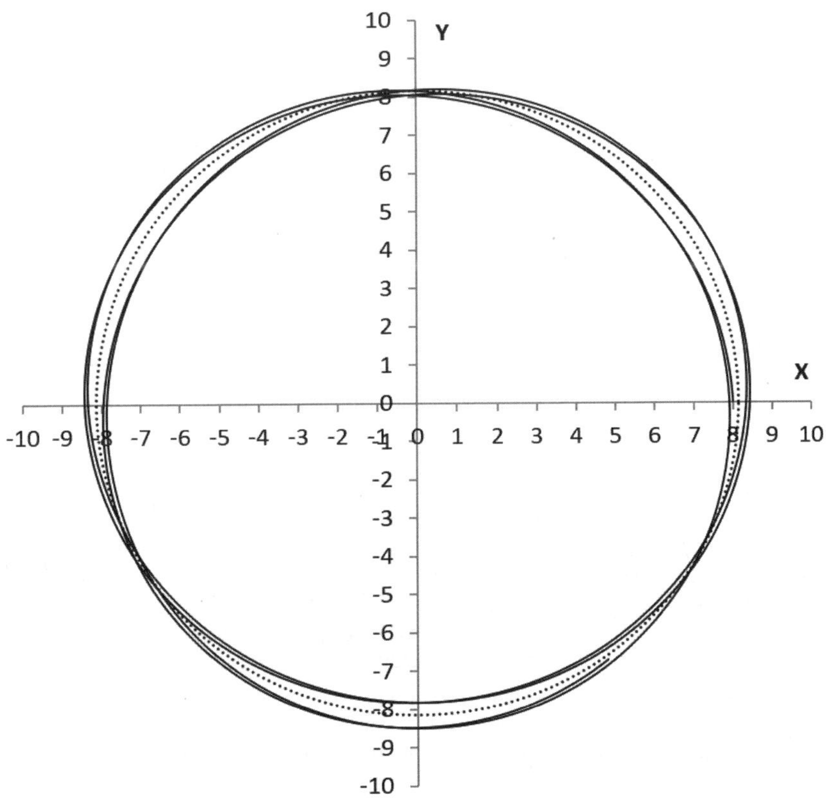

[그림 30-2] 원반 위에서의 태양의 운동. 단위는 kpc.

12) C. Flynn, J. Sommer-Larson, and P. R. Christensen MNRAS, 281, 1027 (1996)

[그림 30 − 3]은 $\vec{r}=(x,y,z)$에서 x와 y의 변화를 보여준다. 거의 사인곡선을 그리고 있다. 주기는 0.222인데 이는 2.11억 년 정도가 된다. 태양이 우리 은하를 한 바퀴 공전하는 데 걸리는 대략의 시간간격이다. [그림 30 − 4]는 $\vec{r}=(x,y,z)$에서 z의 변화의 변화를 보여주는데 주기는 0.073으로 7000만 년 정도가 된다. 대략 원반의 위 아래로 100pc 사이를 왔다 갔다 한다. [그림 30 − 5]는 x와 z, y와 z 사이의 관계를 보여주는데 태양은 우리 은하의 원반을 원운동 사이를 왔다 갔다 하고 위아래로 왔다 갔다 하는 운동을 하며 은하 중심을 공전한다.

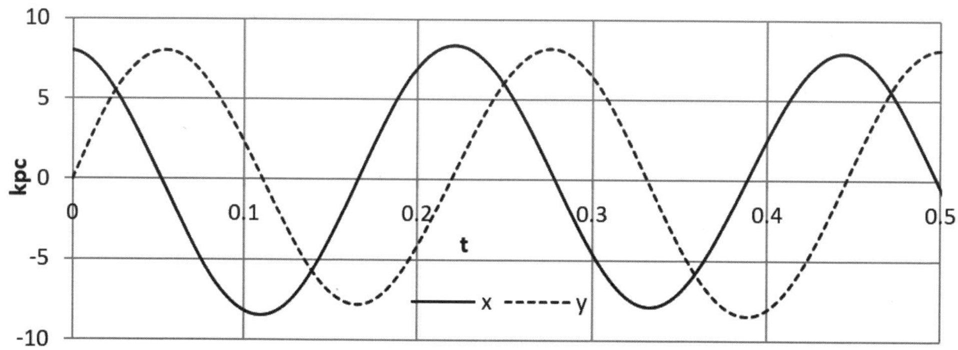

[그림 30-3] $\vec{r}=(x,y,z)$에서 x와 y의 변화. 시간 단위는 9.52억 년.

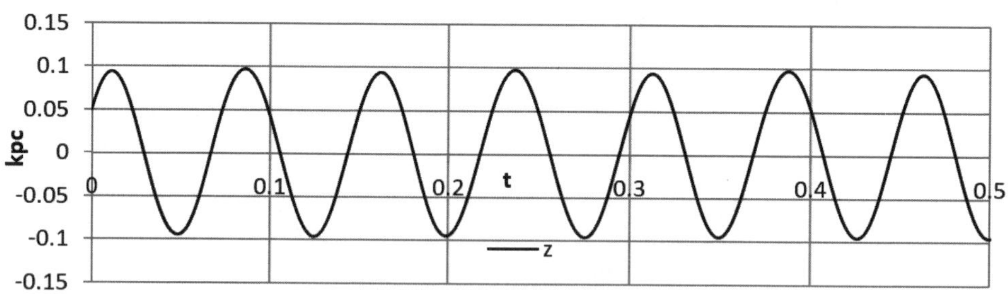

[그림 30-4] $\vec{r}=(x,y,z)$에서 z의 변화. 시간 단위는 9.52억 년.

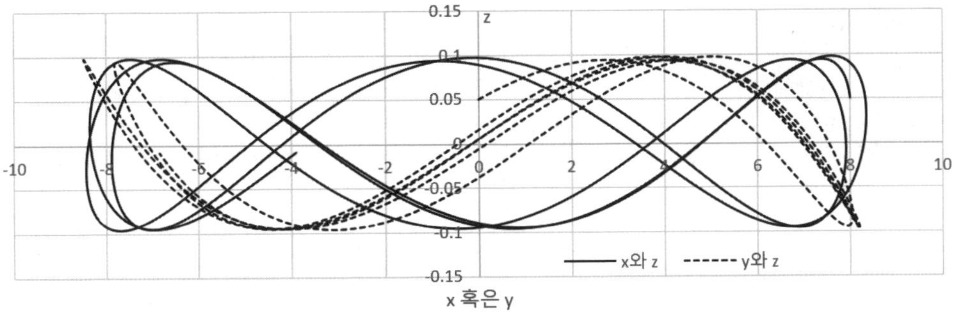

[그림 30-5] x와 z, y와 z 사이의 관계. 단위는 kpc.

제31장 국부 정지 표준 좌표계

30장에서 다루었던 태양의 속도는 엄밀하게 태양을 중심으로 하는 국부 정지 표준 좌표계((local standard of rest)를 염두에 둔 속도이다. 크기는 태양을 중심으로 하는 대략 100pc 반경의 공간으로 태양과 우리은하 중심 간의 거리에서 은하 중심을 거의 원궤도로 공전한다. 국부 정지 표준 좌표계(LSR)의 속도를 $(\Pi, \Theta, Z)_{LSR} = (0,\ V_c, 0)$이라 하면 LSR에 대한 별들의 속도는 $(u, v, w) = (\Pi, \Phi - V_c, Z)$가 된다. 만약 [그림 31－1]과 같이 우리 은하 내에 위치한 세 별 A, B, C의 궤도를 생각해 보자. LSR의 속도는 C별의 속도와 같지만 A별은 LSR보다 뒤처지고, B별은 LSR을 앞선다.

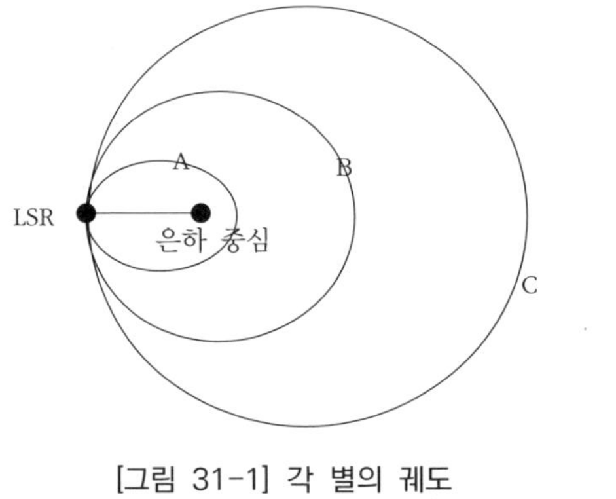

[그림 31-1] 각 별의 궤도

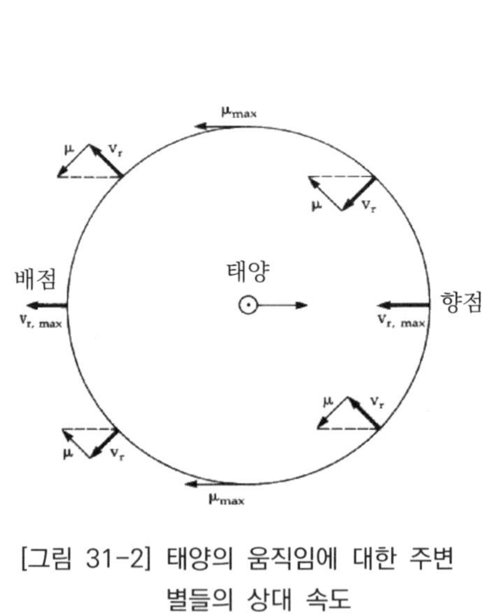

[그림 31-2] 태양의 움직임에 대한 주변 별들의 상대 속도

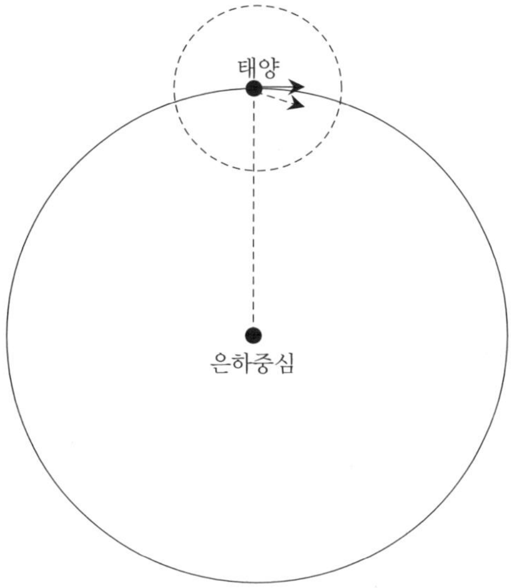

[그림 31-3] LSR과 태양의 속도

이제 LSR에서 태양의 운동을 생각해 보자. 우리 주변에 위치해 있는 많은 별들의 시선속도 v_r과 고유운동[13] μ를 관측한다. 그리고 관측된 여러 시선 방향의 속도들의 평균을 내 본다. 주변 별들에 대한 태양의 움직임으로 인하여 어떤 한 쪽 방향의 별들의 무리는 접근하고, 반대 방향의 별들의 무리는 후퇴한다([그림 31-2] 참조). 그렇기에 태양 고유의 속도를 얻을 수 있는데 km 단위로 대략 $(u, v, w) = (-10, 5, 7)$이 된다. 따라서 태양은 LSR보다 우리 은하 중심 방향으로 조금 더, LSR보다 더 빨리, 그리고 LSR보다 은반 원반 위쪽으로 움직인다. [그림 31-3]은 우리 은하에서 LSR의 속도와 태양의 속도를 그려 보았다.

13) 지구의 관측자에게 천체의 이동으로 인하여 관측되는 시선과 수직 방향으로 1년 동안 관측되는 각거리. 거리를 알면 시선속도와 수직인 속도를 알아낼 수 있다.

제32장 우주배경복사에 대한 지구의 진행 속도

우주배경복사를 절대온도 값으로 그린 WMAP위성의 관측자료를 은하수 평면을 가운데 두고 전체 하늘의 분포를 그려보면 [그림 32－1]과 같은 쌍극자 절대온도분포를 보인다. 이러한 분포는 아주 먼 거리에 위치한 우주배경복사에 대하여 지구의 상대적인 속도차 v때문에 발생한다. 접근하는 속도를 가지면 도플러효과에 의하여 복사의 파장이 짧아져 온도가 증가하는 방향을 관측되고, 멀어지면 복사의 파장이 길어져 온도가 감소하는 방향으로 관측된다. 이를 수냐에프-젤도비치 효과(Sunyaev-Zeldovich effect)라고 한다.

온도의 변화량이 대략 ΔT이고 상대 속도가 v이고 광학적 깊이가 τ이면

$$\frac{\Delta T}{T_{CMB}} = -\frac{v}{c}\tau \tag{32-1}$$

인 관계가 있다. 실제 $\Delta T = 3.3621 \pm 0.0010\,\mathrm{mK}$, $T_{CMB} = 2.7255 \pm 0.0006K$, $\tau \sim 1$이면 $v \simeq 370\mathrm{km/s}$를 얻는다. 이는 지구가 우주배경복사에 대하여 370km/s의 속도로 [그림 32－1]과 같이 처녀자리은하단 방향으로 진행하고 있다는 의미이다. 지구는 태양을 30km/s 정도의 속도로 공전하고, 태양은 우리 은하 중심을 240km/s 정도로 돌고 있으며, 우리 은하 중심은 처녀자리은하단 방향으로 300km/s 정도의 속도로 움직이고 있다. 이 세 개 속도 벡터의 합인 벡터의 크기가 370km/s 정도이다.

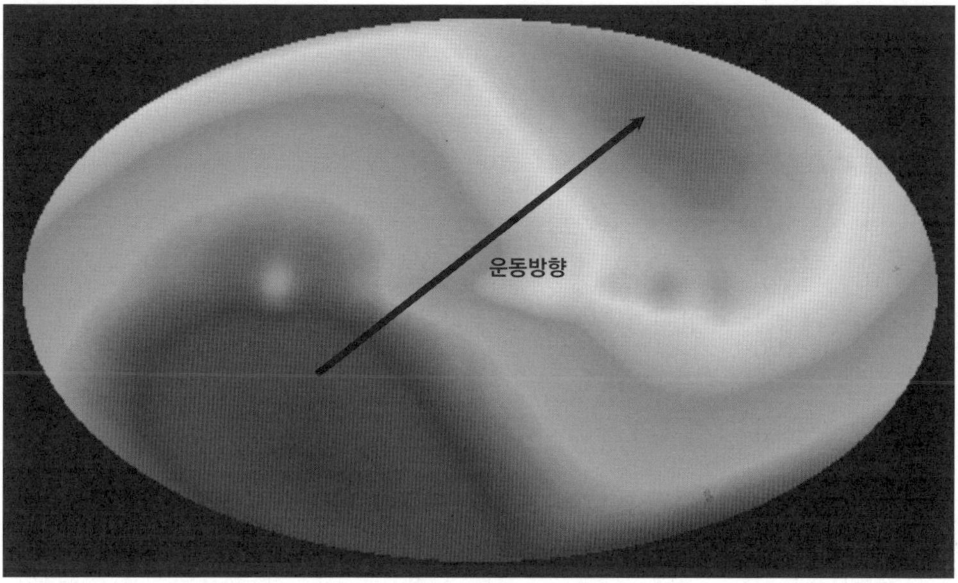

[그림 32-1] 쌍극자 우주배경복사 절대온도 분포. 왼쪽 아래는 0.0034K 정도 낮고, 오른쪽 위는 0.0034K 정도 높다.

나가면서

지금까지 우리는 태양의 운행에 관하여 자구를 중심으로 하는 황도 상의 위치변화와 이에 따른 적도좌표의 변화, 지평좌표의 변화를 계산할 수 있다. 더구나 지구 자전축과 지구 궤도 자체의 공전축의 세차운동이 왜 발생하는지도 알게 되었고, 이를 어떤 날 태양의 위치를 추보할 때에 어떻게 사용되는지도 알게 되었다. 그리고 지구의 궤도가 타원궤도이기에 태양의 위치를 추보할 때에도 타원 모델을 사용해야 한다. 태양이 지구에 미치는 중역의 영향으로 타원궤도가 됨을 뉴턴역학을 통해 알게 되었다. 물론 뉴턴은 《프린키피아》에서 케플러가 알아낸 행성의 궤도가 타원궤도가 되려면 태양이 행성을 끄는 힘이 거리의 제곱에 반비례한다는 사실을 기학학적인 방법을 이용하여 알아냈다. 태양은 우리 은하의 가장 자리에 놓여 있는데 태양은 은하 중심을 중심으로 커다란 원궤도를 돌지만 그 원궤도를 넘나들고, 은하 원반의 중심부도 위 아래로 넘나드는 운동을 함을 알았다. 더구나 우주의 배경 복사에 대해서도 지구가 움직이고 있다는 것도 알았다.

이렇게 태양의 운동에 대한 여러 고찰을 이 책에서 다루고 있지만 일상생활에서는 아주 쉽게 태양의 위치를 알 수 있다. '스텔라리움(stellarrium)'[14]은 천체의 위치를 관측장소와 시각에 따라 알 수 있는 소프트웨어이다. 이를 이용하면 기원 전의 천체의 위치도, 기원 후의 천체의 위치도 대략 알 수가 있다. [그림 33-1]은 지금 이 글을 쓰고 있는 2023년 8월 12일 오후 1시 28분 54초의 태양의 위치를 '스텔라리움'을 이용하여 살펴보자. 지평좌표를 같이 넣었기에 고도와 방위각을 대강 짐작할 수 있다. 여기서 사용한 시각은 서울에 위치한 관측자를 중심으로 보여 주기에 서울의 지방시이다. [그림 33-2]는 시간이 조금 지났지만 그 때의 태양의 위치를 적도좌표와 함께 보여준다. 하지가 지났으니 적경은 9^h 와 10^h 사이에 있고 적위는

14) https://stellarium.org에서 얻을 수 있다.

20° 밑에 있다.

우연하게 달의 위치도 보여주었다. 달 있는 곳을 확대해 보니 달의 위상과 함께 달에 대한 정보도 알려 주고 있다. 음력 6월 26일이기에 달의 위상은 그믐에 가깝다. 지구 달이 서쪽으로 지려고 하는데 그 모습이 엎어져 있다. 그래서 그믐달이 뜬 후에 지평선 위에 있는 모습을 보니 [그림 33-4] 와 같이 누워있다. 13장의 시차각은 왜 달의 모습이 동편에서 서편으로 가면서 달의 눈썹 모습이 누었다 엎어지는 이유를 설명할 수 있게 해 준다. [그림 33-4]의 달이 조금 작게 보이는 것은 확대를 적게 했기 때문이다.

이제 '스텔라리움'을 갖고 천체의 위치를 확인해 볼 뿐만 아니라 태양의 경우에는 이 책을 이용하여 태양의 위치를 계산한 결과와 '스텔라리움'이 보여주는 위치와 비교해 보는 것도 매우 재미있을 것이다.

[그림 33-1] 2023년 8월 12일 오후 1시 28분 54초 때 지평좌표 상의 태양의 위치.

[그림 33-2] '스텔라리움'에서 2023년 8월 12일 오후 1시 33분 41초의 적도좌표 상의 태양의 위치.

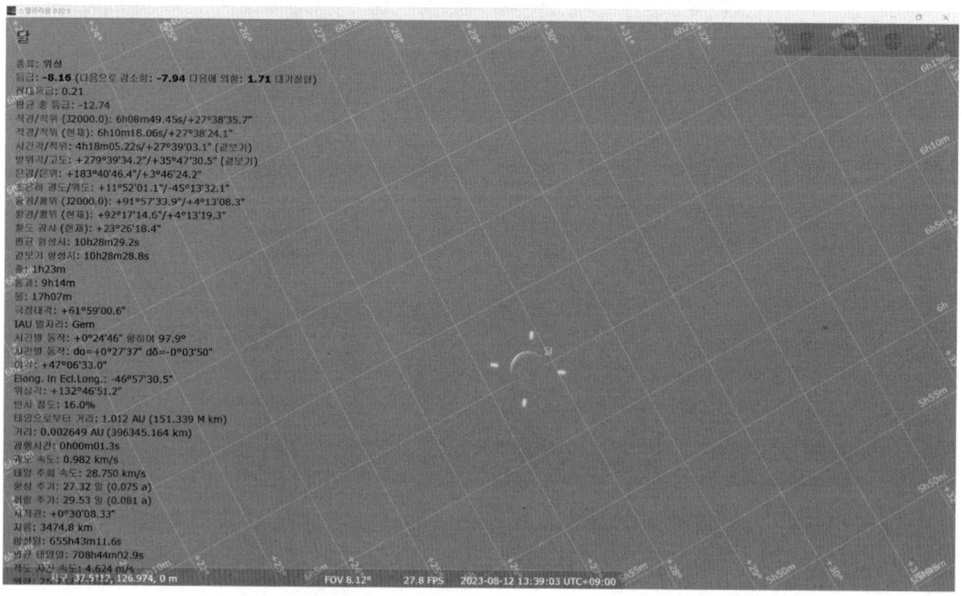

[그림 33-3] 2023년 8월 12일 오후 1시 39분 3초 때 달의 위치와 모습

[그림 33-4] 2023년 8월 12일 오전 3시 42분 31초 달의 위치와 모습

부 록

부록 1 허원(許遠)의 《세초류휘(細草類彙)》에 기술된 태양의 운행

부록 2 남병길의 《시헌기요(時憲紀要)》에 기록된 태양의 운행

부록 3 《칠정산내편》에 기록된 태양의 운동

부록 1 허원(許遠)의 《세초류휘(細草類彙)》[1)]에 기술된 태양의 운행[2)]

《세초류휘》에 관한 소개는 허원이 쓴 서문인 '玄象新法細草類彙序'를 그대로 소개하는 것으로 대신한다.

현상신법세초류휘서(玄象新法細草類彙序)

기구[器]는 오래되면 반드시 낡고, 역수[數]는 오래 지나면 반드시 어긋나는 것이 당연한 이치이다. 왕순(王恂)과 곽수경(郭守敬)의 대통력(大統曆)과 수시력(授時曆)은 처음 시행되었을 무렵에는 정밀하지 않은 적이 없었다. 그러나 지원(至元) 신사년(辛巳年, 1281, 고려 충렬왕 7)부터 숭정(崇禎) 기사년(己巳年, 1629, 인조 7)까지 이미 식(食)이 든다고 추산 하였지만 식이 일어나지 않았고, 식이 일어났지만 추산하지 못한 폐단이 있었는데 하물며 지금까지 그대로 사용하는 데야 오죽하겠는가!

신법(新法, 시헌력(時憲曆))은 서양사람 탕약망(湯若望, Adam shall, 1592~1666)이 이론을 밝히고 체계를 세운 것이다. 천체의 운행 도수에 정밀하게 부합하는 것이 이전의 것들을 능가하는데, 숭정 무진년(戊辰年, 1628, 인조6)에서 역원(曆元)을 일으켜 숭덕(崇德) 병자년(丙子年, 1636, 인조14)부터 사용하였다.

아! 탕약망과 같은 사람은 대국(大國, 중국)에는 인재가 비록 많다고 하여도 좀처럼 나오지 않을 만큼 뛰어나니 왕순과 곽수경 이후에 유일한 인물이다. 하물며 편방(偏邦)의 사람이 어찌 배우지 않고서도 그것에 능통할 수 있겠는가!

그래서 우리 인묘(仁廟, 인조(仁祖)) 때에 관상감(觀象監)의 관원이던 첨지(僉知) 김상범(金尙范)에게 명하여 수년 동안 중국에 유학하게 하였는데, 신법을 터

1) 《세초류휘》는 세종대왕기념사업회의 번역사업으로 남종진이 2018년에 번역하였고, 모든 번역은 한국고전번역원db에 찾을 수 있다. 본 서에서는 남종진의 번역을 그대로 가져와서 약간의 오류를 고쳐 천문역법을 설명하기 위해 재구성하여 사용하였다.

2) 최승언, 조선의 시헌력에서 다루는 태양의 운동에 대한 이론적 고찰 – 『세초류휘』, 『시헌기요』, 『추보속해』를 중심으로, 2021, 고전번역연구 제12장 135~208 내용을 재구성하였음.

득한 것은 일전(日躔)과 월리(月離)의 개략일 뿐이었고, 칠정(七政)의 운행 도수를 계산하는 방법과 해와 달[二曜]의 교식(交食)을 추보하는 방법에 대해서는 미처 알아내지 못하고 10년 동안을 드나들다가 이역(異域)에서 뼈를 묻고 말았다. 그 이후로 일전과 월리는 미진한 계산방법을 그대로 답습하여 사용할 뿐이었다.

근년에 이르러 점점 오차가 생기고 월(月)의 대소(大小)가 갑자기 뒤틀리니 을유년(乙酉年, 1705, 숙종31) 겨울에 조정에서는 신(허원)에게 특별히 명하여 김상범의 옛일을 뒤잇게 하였다. 신은 분부를 받들고 연경(燕京, 북경(北京)의 별칭)으로 가서 흠천감(欽天監)의 역관(曆官)인 하군석(何君錫)을 좇아서 두 가지 역법(《숭정역서(崇禎曆書)》와 《서양신법역서(西洋新法曆書)》)에서 추보하는 방법을 모두 습득하고 원리를 다룬 여러 문헌을 찾아서 빠짐없이 사들였다. 하지만 사안을 비밀에 부치고 드러내지 않았기에 금성(金星)과 수성(水星)의 연근(年根), 일전(日躔)의 고충(高衝, 근지점(近地點))과 교식(交食)을 추보하는 방법은 여전히 충분히 배워서 터득하지 못한 구석이 있었기에 다시 무자년(戊子年, 1708, 숙종34) 겨울에 연경으로 가서 구하여 왔다. 역법을 고치는 것만큼 중요한 일은 없기에 60년이 넘는 세월 동안 계획을 세워서 진행하였고 이제 다행스럽게 마무리가 되었다.

신법은 너무 어려워서 알려주고 배우는 과정에서 생각나는 대로 묻고 답하면서 짤막하게 편지를 주고받거나 간단히 메모를 한 것을 남겨두었다. 그래서 그것을 책으로 묶고 이름을 '세초류휘(細草類彙, 자질구레한 계산법을 부류별로 모았다는 뜻)'이라고 한다.

일(日)·월(月)·오성(五星)의 위치[次舍]와 충조(衝照), 교식(交食)과 능범(凌犯), 순역(順逆)과 지질(遲疾), 남북의 경위(經緯), 태양(太陽)의 출입(出入)과 진퇴(進退), 별자리로 시각을 구하는 법, 시각으로 별자리를 구하는 법 등의 계산방법을 모두 수록하였다. 이 책은 역(曆)을 다루는 사람에게는 마치 공사(工師)에 있어서 수준기·다림줄·걸음쇠·곱자와 같은 것이어서 이것을 버려둔다면 역법을 세우고 관측용 의기(儀器)를 제작할 수 없을 것이다. 오늘날 성옹(星翁)과 역관(曆官)이 산가지[籌]를 들고서 이것을 마주한다면 멍하니 정신을 놓는 일은 생기지 않을 것이며 책을 펼치면 이내 손바닥을 들여다보는 것처럼 아주 명료할 것이다. 이제부터 앞으로 200년 동안은 역일(曆日)과 교식(交食)의 주(註)에 더 이상 오류가 생기지 않고 천체 운행의 세밀한 구석과 훌쩍 어긋나지는 않기를 바란다. 공경히 내려주신 정사(政事)에 보탬이 되는 것이 적지 않을 것이다.

상(上)의 37년 경인년(庚寅年, 1710, 숙종37) 6월 초사흘에 관상감(觀象監) 수

임(首任) 절충장군(折衝將軍) 행용양위(行龍驤衛) 부사과(副司果) 신(臣) 허원(許遠)이 삼가 쓰다.

《세초류휘》에 기록된 태양의 운행은 '日躔細草'에 기록되어 있다.

1. 일전(日躔)을 계산하는 방법(日躔細草)

ㅁ 제1격 연근(年根) : 이것은 《서양신법역서(西洋新法曆書)》 제1권의 〈이백항년표(二百恒年表)〉에서 해당 년 아래의 분(分) · 초(秒)를 적으면 된다. 30미(微)가 채워지면 1초로 자리를 올린다.

풀이 '求日躔月離次年年根法'에 일전의 연근을 구하는 방법이 제시되어 있다. 〈이백항년표(二百恒年表)〉에 무진년(1628년)부터 정해년(1827년)까지 200년동안의 태양의 연근을 계산하여 수록해 놓았다. 따라서 역산대상년이 k년이라면 전 해의 동지 이튿날 0시 때 태양의 평행 경도인 연근 $\overline{\lambda}_k$를 알 수 있다.

ㅁ 제2격 일수(日數) : 제1권의 〈주세평행표(周歲平行表)〉에서 해당 일[某日]까지의 일수(日數)를 적으면 된다. 30도가 채워지면 1궁으로 자리를 올려서 사용한다. ○ 60도가 채워지면 2궁으로 자리를 올린다. ○ 300도가 되면 10궁으로 자리를 올린다. 다른 것은 여기에 따른다. 30미(微)는 1초로 자리를 올린다.

풀이 역산대상년 k년의 동지 이튿날 0시부터 그 해 역산대상일까지의 날짜수를 Δt라 하자. 그러면 해당일까지의 일수(日數)는 $n_s \Delta t$가 된다.

□ 제3격 평행(平行) : 이것은 연근(年根)을 놓고 일수(日數)를 더하면 된다. ○ 30도가 채워지면 1궁으로 자리를 올린다. 60분이 채워지면 1도로 자리를 올린다. ○ 60초가 채워지면 1분으로 자리를 올린다. ○ 도 · 분 · 초는 모두 10이 채워지면 자리를 올린다.

풀이 태양의 평행(平行)을 $\overline{\lambda}_s$라 하면 $\overline{\lambda}_s = \overline{\lambda}_k + n_s \Delta t$가 된다.

□ 제4격 고충(高衝, 근지점(近地點)) : 이것은 제1권의 표에서 해당 년의 고충(高衝)의 도 · 분 · 초를 가져다 다시 해당 일수(日數)의 초(秒)를 더하면 된다.

풀이 제1권의 '이백항년표'는 추눈점 이동 혹은 동지점이동을 $\dot{\varpi} = 45$초/년으로 계산하였다. 그러나 《세초류휘》 〈곤〉 '求月孛 · 羅睺 · 計都入宿法'에서는 $\dot{\varpi} = 61$초/년 혹은 62초/년으로 계산하였다. 현재 사용하는 값과 거의 같다. k년의 최고충값이 ϖ_k이면 Δt일 후의 최고충 ϖ는 $\varpi = \varpi_k + \dot{\varpi}\left(\dfrac{\Delta t}{360°/n_s}\right)$가 된다.

□ 제5격 <u>인수(引數)</u> : 이것은 평행(平行) 설정의 궁 · 도 · 분 · 초에서 고충(高衝)을 빼면 된다.

풀이 인수 M은 $M = \overline{\lambda} - \varpi$이기에 $M = (\overline{\lambda}_k - \varpi_k) + \left\{n_s - \left(\dfrac{\dot{\varpi}}{360°/n_s}\right)\right\}\Delta t$가 된다. $M_k = \overline{\lambda}_k - \varpi_k$, $\tilde{n}_s = n_s - \left(\dfrac{\dot{\varpi}}{360°/n_s}\right)$이라 놓으면 $M = M_k + \tilde{n}_s \Delta t$ 가 된다.

그런데 $\dfrac{\dot{\varpi}}{360°} \simeq 4.7 \times 10^{-5} \ll 1$이기에 무시할 수 있다. 결국 $M = M_k + n_s \Delta t$라 놓아도 된다. 그래서 1년 동안은 근일점 이동을 고려하지 않아도 된다. 《숭정역서》의 '이심모델'에서 '일평행도수'와 '일자행도수'를 같게 놓은 이유이다.

□ 제6격 균수(均數) : 이것은 인수(引數)의 궁 · 도 · 분을 이용하여 제2권의 〈가감표(加減表)〉 에서 조사한다. 0궁부터 5궁까지는 표 상단의 도 · 분을 아래로 내려가며 찾고, 6궁부터 11궁까지는 표 하단의 도 · 분을 위로 올라가며 조사한다. 조사하여 정하면 많은 것에서 적은 것을 빼고, 남는 것은 0분을 이용하여 그것을 곱하여 나머지 수는 본위(本位기준이 되는 위치)가 많은 것은 빼고 적은 것은 더하면 된다. ○ 뒤이어 가호(加號) 또는 감호(減號)를 균수(均數)의 곁에 표시해둔다.

풀이 균수 가감차 q이다. 제2권의 〈가감표(加減表)〉는 '이심모델'대신 평행심모델(Equant model)을 이용하여 계산하였다. 그러나 이 값은《역상고성》의 '균륜모델'로 계산값과 같다. 가감차는 $q=\tan^{-1}\left(\frac{2e\sin M}{1-e\cos M}\right)$이고, $2e$는 '양심차'이다. 타원 궤도의 경우 e는 이심률이다.

□ 제7격 세행(細行실질 행도) : 이것은 앞서의 평행(平行)을 놓고 균수(均數)를 더하거나 빼면 된다. ○ 균수 옆의 가호(加號) 또는 감호(減號)를 살펴보아야 한다.

풀이 세행인 태양의 경도 λ_s는 $\lambda_s=\bar{\lambda}+q=\bar{\lambda}_k+n_s\Delta t+q$가 된다.

□ 제8격 수도(宿度, 별자리에서의 위치) : 이것은 앞서의 세행(細行)의 수목(數目)에서 다시 매년 51초씩을 뺀다. ○ 기사년(己巳年)부터 시작하여 총 연수에 51초를 곱한다. 곱하고 나서는 초를 이용하여 분으로 수렴하여 모두 몇십 몇 분을 얻어서 그것을 뺀다. ○ 나머지는 다시 제1권의 표에서 황도거수검(黃道距宿鈐)에 따라 해당 수(宿)를 빼기에 충분하면 그것을 빼면 된다.

풀이 태양의 수도(宿度)는 아래 그림을 참조한다.

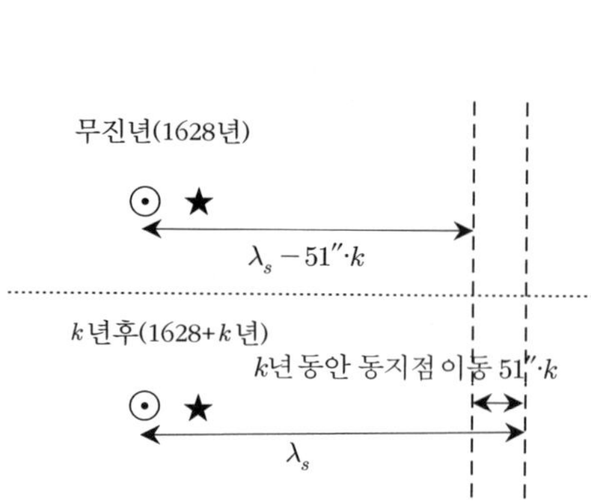

[그림 1] 태양의 수도

[표 1]에는 《세초류휘》에서 태양의 경도를 계산하는 방법을 《숭정역서》의 방법과 비교하였다. 두 책에서 제시하는 태양의 경도를 구하는 방법은 같다. 단지 동지와 근지점 사이의 연간 변화가 《숭정역서》는 45초 《세초류휘》는 61초 혹은 62초로 다를 뿐이다.

[표 1] 《숭정역서》와 《세초류휘》에 기록된 태양 경도 구하기 순서 비교

《숭정역서》 계산순서	《세초류휘》 계산순서	비고
연근(근수) $\overline{\lambda}_k$	연근 $\overline{\lambda}_k$	《숭정역서》〈일전표〉의 〈역원 후 이백항년표〉 참조
본행 $\Delta\overline{\lambda}=n\Delta t$	경과일에 대한 일수 경도분$=\Delta\lambda=n\Delta t$	[주세평행표] $n=\frac{360°}{365.24205}$ 세실: 365일23각03분33초
최고충도분 ϖ_k	최고충도분 ϖ_k	〈역원 후 이백항년표〉의 [최고충도분표]
최고충 경도 $\Delta\varpi=\frac{\dot{\varpi}\Delta t}{365.24205}$	해당 일수에 해당하는 동지점 이동분 $\Delta\varpi=\frac{\dot{\varpi}\Delta t}{365.24205}$	$\dot{\varpi}=$45초: 《숭정역서》 $\dot{\varpi}=$61초혹은62초: 《세초유휘》에서는 《역상고성》의 최고충도분을 따름
경도 총수(본행+근수) $\overline{\lambda}=\overline{\lambda}_k+\Delta\overline{\lambda}$	평행=연근+일수에 의한 경도분 $\overline{\lambda}=\overline{\lambda}_k+\Delta\overline{\lambda}$	
최고충 총수 $\varpi=\varpi_k+\Delta\varpi$	고충 $\varpi=\varpi_k+\Delta\varpi$	
인수=경도 총수－최고충 총수 $M=\overline{\lambda}-\varpi$	인수=평행－고충 $M=\overline{\lambda}-\varpi$	
균수$=q=q(M)$	균수$=q=q(M)$	[가감차표]
일전경도(평동지부터 태양 황경) $\lambda=\overline{\lambda}+q$	세행 $\lambda=\overline{\lambda}+q$	
일전경도(황도 12궁으로 나타낸 태양의 실제 경도) λ를 동지점인 성기(星紀 Cap) 0°로부터 헤아림	수도(宿度 별자리에서의 위치)	매년 51초씩 보정

1. 《숭정역서》의 〈일전역지〉에서는 이심 모델(Eccentric model)로 태양의 운동을 설명하고, 가감차도 이 모델을 이용하여 계산하고 있으나 《숭정역서》의 〈일전표〉에 나오는 [가감차표]는 평행심 모델(Equant model)로 계산한 것이다. 이는 사고전서본 《신법산서》에서는 평행심 모델을 설명하고 있기 때문이다.
2. 《숭정역서》의 이심 모델에서 가감차는 $\tan q=\frac{E\sin M}{1-E\cos M}=\frac{2e\sin M}{1-2e\cos M}$이다. 여기서 $E=2e$이다.
3. 《역상고성》의 균륜 모델에서 가감차는 $\tan q=\frac{E\sin M}{1-\frac{E}{2}\cos M}=\frac{2e\sin M}{1-e\cos M}$이다.
4. 《숭정역서》의 평행심 모델에서는 $\tan q=\frac{2e\sin M}{\sqrt{1-e^2\sin^2 M}-e\cos M}$이다. $e\ll 1$이기에 균륜모델에서 구한 가감차 값과 구별하기 어렵다.
5. 타원모델에서는 $\tan\zeta=\frac{e\sin M}{1-e\cos M}$로부터 2ζ(타원계각)를 $\tan\theta=\frac{\tan M}{\sqrt{1-e^2}}$로부터 $\xi=\theta-M$(타원차각)을 구하여 가감차는 $q=2\zeta+\xi$이 된다.

2. 일전(日躔)과 월리(月離)의 차년(次年) 연근(年根)을 구하는 법(求日躔月離次年年根法)

> 상년(上年)의 연근(年根)을 놓고 44분 48초 58미를 거기에 더하여 일평행(日平行)의 수(數)를 채우고, 59분 08초 20미로 그것을 빼면 차년(次年)의 연근을 얻는다. 다른 것은 여기에 따른다. 만약 동지를 지나서 구하는 경우에는 세차(歲差) 14분 19초 22미를 이용하여 그것을 빼면 차년의 연근을 얻는다. 빼기에 부족한 경우에는 44분 48초 58미를 더하고 나서 차년의 연근을 얻는다. 이는 사주(四周)가 1460이 되는데 1일을 더하기 때문이다.
> 동지(冬至)는 지간(支干간지(干支))가 해마다 4일을 이동하여 물러나는데, 오히려 44분 4858(48분58초)을 더하는 경우에는 5일을 이동하여 물러나므로 지간은 세심하게 살핀다.

풀이 태양의 일평행은 $n_s = 0;59,08,19,49,51,40°$ 이다. 상년의 연근을 $\overline{\lambda}_k$, 차년의 연근을 $\overline{\lambda}_{k+1}$ 라하면 $\overline{\lambda}_{k+1} = \overline{\lambda}_k + \begin{cases} 365\,n_s - 360° : \text{상년이 평년인 경우} \\ 366\,n_s - 360° : \text{상년이 윤년인 경우} \end{cases}$ 이 된다.

$365n_s - 360° = -0;14,19,22°$ 이 되기에 상년의 연근에서 이 값을 빼주다 보면 차년의 연근이 $-$값이 나온다. 이 때에 $366n_s - 360° = 0;44,48,58°$ 을 더해주면 연근의 값이 +값이 된다. 따라서 44분48초58분을 더해주는 해의 전해가 윤년이 되고 이 해는 1년이 366일 이다. 1년이 365일이면 간지(干支)는 60일마다 반복되기에 4일만 물리면 되는데 윤년이 되는 해는 366일이기에 5일을 물려야 한다.

3. 월패(月孛) · 나후(羅睺) · 계도(計都)의 입수(入宿)를 구하는 법(求月孛 · 羅睺 · 計都入宿法)

여기서는 달의 원지점(月孛), 강교점(羅睺)과 승교점(計都)의 수도(宿度)를 구하는 방법을 제시하였는데 이상하게도 그 다음에 태양의 근지점 경도(어떤 해 동지부터 근지점까지의 경도)를 나타내는 일전의 최고충도 표를 제시하고 있다. 이 표는 《역상고성》에서 제시한 값을 정리한 것으로 보인다. 여기서 근지점이동을 연간 평년에는 1분01초07미34섬15홀58망을, 윤년 다음 해는 1분01초17미37섬09홀16망을 사용하고 있다.

4. 이십사절기의 가분(加分)과 감분(減分) 二十四節氣加減分

[표 2] 균시차

입춘(立春)	8분을 감한다.	우수(雨水)	7분을 감한다.
경칩(驚蟄)	5분을 감한다.	춘분(春分)	0이다.
청명(淸明)	5분을 더한다.	곡우(穀雨)	9분을 더한다.
입하(立夏)	11분을 더한다.	소만(小滿)	12분을 더한다.
망종(芒種)	10분을 더한다.	하지(夏至)	7분을 더한다.
소서(小暑)	4분을 더한다.	대서(大暑)	2분을 더한다.
입추(立秋)	3분을 더한다.	처서(處暑)	6분을 더한다.
백로(白露)	11분을 더한다.	추분(秋分)	16분을 더한다.
한로(寒露)	21분을 더한다.	상강(霜降)	24분을 더한다.
입동(立冬)	24분을 더한다.	소설(小雪)	21분을 더한다.
대설(大雪)	16분을 더한다.	동지(冬至)	8분을 더한다.
소한(小寒)	2분을 더한다.	대한(大寒)	5분을 감한다.

풀이 이 표는 '균시차'표이며, 《숭정역서》 〈일전역지〉에서 제시한 값과 동일하다. 각 절기마다 진태양시와 평균태양시의 차이인 균시차를 보정해 주어야 한다. 아래 그림은 '표'에 주어진 값과 2000년 균시차곡선을 서로 비교한 것이다. '표' 값은 2000년 균시차 값에 대략 7.5분을 더한 값이다. 왜 7,5분을 더했는지는 의문이다. 《역상고성》 〈일전역리〉에서는 2000년 균시차 값과 거의 비슷하다. 비슷한 이유는 근지점이동이 연간 62초 정도로 작기에 몇 백 년이 지나도 춘(동)지점이동에 따른 가감차 q값의 변화가 그리 크지 않기 때문이다.

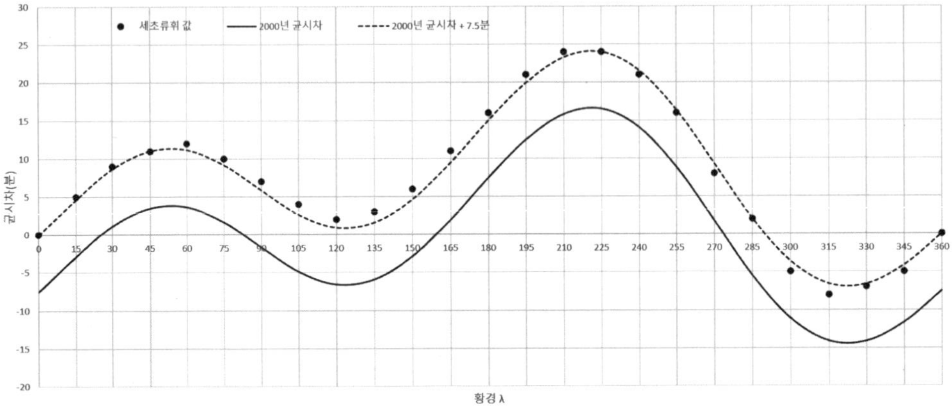

[그림 2] 균시차

5. 일전의 세행(細行)이 각 절기와 교(交)하는 본일의 계산(推日躔細行交各節氣本日)

[표 3] 태양이 각 절기와 만나기 전의 경도

11궁 29도	동지(冬至)	0궁 14도	소한(小寒)
0궁 29도	대한(大寒)	1궁 14도	입춘(立春)
1궁 29도	우수(雨水)	2궁 14도	경칩(驚蟄)
2궁 29도	춘분(春分)	3궁 14도	청명(淸明)
3궁 29도	곡우(穀雨)	4궁 14도	입하(立夏)
4궁 29도	소만(小滿)	5궁 14도	망종(芒種)
5궁 29도	하지(夏至)	6궁 14도	소서(小暑)
6궁 29도	대서(大暑)	7궁 14도	입추(立秋)
7궁 29도	처서(處暑)	8궁 14도	백로(白露)
8궁 29도	추분(秋分)	9궁 14도	한로(寒露)
9궁 29도	상강(霜降)	10궁 14도	입동(立冬)
10궁 29도	소설(小雪)	11궁 14도	대설(大雪)

풀이 본일은 태양의 실행이 절기 궁도(예를 들어 동지는 0궁 0도)와 절기 궁도 1도 전 사이에 위치할 때를 의미한다. 예를 들어 동지의 시각을 계산할 때, 실행은 11궁 29도와 0궁 0도 사이에 있어야 한다. 그러한 의미로 이 표가 만들어 진 것으로 보인다.

6. 절기(節氣)의 계산(推節氣)

□ 이것은 일전(日躔)의 세행(細行 실질 행도)을 살펴본다. 만약 해당 궁의 29도에 있으면 그것은 교중기(交中氣)이다.

풀이 세행이 해당 궁의 29도와 30도 사이에 있을 때 교중기 본일이 된다.

○ 만약 해당 궁의 14도에 있으면 그것은 교절기(交節氣)이다.

풀이 세행이 해당 궁의 14도와 15도 사이에 있을 때 교절기 본일이 된다.

○ 계산방법은 교절기 차일(次日) 일전의 세행에서 본일(本日) 일전의 세행을 빼고, 나머지가 분이 있으면 초로 변환하고, 도가 되면 역시 초로 변환하여 1율(率)로 하여 정한다.

풀이 $\lambda_{차일} - \lambda_{본일}$은 태양이 24시간 황도에서 이동한 각도이다.

□ 하루의 행도(行度)를 1440분으로 하여 2율(率)로 하여 정한다. 다시 만약 교중기인 경우에는 30도를 놓는다. ○ 만약 교절기인 경우에는 15도에서 본일 일전의 세행을 빼고, 나머지가 분이 있으면 초로 변환하고, 도가 되면 역시 초로 변환하여 3율(率)로 하여 정한다. 2율을 3율과 서로 곱하여 수를 얻고, 1율로 그것을 나누어 수를 얻고, 거기에서 다시 각 절기의 가분(加分)을 더하거나 감분(減分)을 빼고(균시차를 의미한다) 수를 얻어서, 60분이 채워지면 1소시(小時)로 하고, 15분이 채워지면 1각(刻)으로 한다. 자정(子正) 초각(初刻)부터 계산하기 시작하여 만약 1시(時)가 되면 축초(丑初)가 되고, 2시가 되면 축정(丑正)이 되고, 3시가 되면 인초(寅初)가 된다. 다른 것은 여기에 따르면, 해당 시(時)·각(刻)·분(分)의 교절기(交節氣)가 된다.

풀이 $\lambda_{절기궁도}-\lambda_{본일}$에서 $\lambda_{절기궁도}$는 교중기 경우는 30도, 교절기 경우는 15도이다. 절기 시각 t는 $t=\dfrac{\lambda_{절기궁도}-\lambda_{본일}}{\lambda_{차일}-\lambda_{본일}}\times 24^h$이다. 이 시각에 균시차를 보정하면 절기 용시를 얻는다. [표 4]는 '절기시각구하기'이고 [표 5]는 '간지로 표시된 시각'이다.

[표 4] 절기시각 구하기

<table>
<tr><td colspan="3">24시간 동안</td></tr>
<tr><td>본일</td><td>절기 궁도</td><td>차일</td></tr>
<tr><td>$\lambda_{본일}$</td><td>$\lambda_{절기궁도}$</td><td>$\lambda_{차일}$</td></tr>
<tr><td colspan="2">t 시간</td><td></td></tr>
<tr><td colspan="3">절기 궁도의 평시=본일+t 여기서 $t=\dfrac{\lambda_{절기궁도}-\lambda_{본일}}{\lambda_{차일}-\lambda_{본일}}\times 24^h$</td></tr>
<tr><td colspan="3">절기 궁도의 용시=절기 궁도의 평시+균시차</td></tr>
</table>

[표 5] 간지로 표시한 시각

23시	24시	1시	2시	3시	4시	5시	6시	7시	8시	9시	10시
자초	자정	축초	축정	인초	인정	묘초	묘정	진초	진정	사초	사정
11시	12시	13시	14시	15시	16시	17시	18시	19시	20시	21시	22시
오초	오정	미초	미정	신초	신정	유초	유정	술초	술정	해초	해정

7. 시각을 헤아리는 법(推測時刻)

○ 주력(註曆) : 이것은 상년(上年) 동지(冬至)의 초도(初度)부터 주(註)를 시작하여 차년(次年) 정월(正月) 입춘(立春) 몇 도(度)까지 일출(日出)과 일입(日入)의 시각을 얻는다.

'절기에 따른 일출, 일입 시각 및 주야시간' 표 제시하였다.

이상은 경도(京都, 서울)의 절기(節氣)에 해당하는 일출·일입과 주야의 시각으로, 각 일출·일입·주야의 장단(長短)과 각분(刻分)의 차이를 살핀 것은 모두 북극고저(北極高低)의 차이에 따랐고, 각 절기의 시각을 살핀 것은 모두 지역의 경도(經度)에 따라 시헌력(時憲曆)을 조사하여 얻어내어 천상 관측용 의기(儀器)로 측정하였다.

풀이 하짓날 인정(寅正) 3각 1분은 4시 46분이고, 술초(戌初) 초각 14분은 19시 14분이다. 따라서 낮의 길이는 57각 13분, 밤의 길이는 38각 2분이 된다. 하루의 길이는 96각이다. 이제 하짓날 일출시각과 일입시각의 중간은 (4시 46분+19시 14분)/2=낮12시(오정)이다. 따라서 표에 나타난 일출 시각과 일입 시각은 경도에 따른 보정을 한 시각이 아니라 계산한 시각이다. 이제 낮의 길이 반인 반주분을 구하는 공식 $\cos H_{반주} = -\tan\phi\tan\delta$에서 $H_{반주} = 7$시 14분이 된다. 따라서 $\tan\phi\tan\delta = -\cos H_{반주} = 0.317305$가 된다. 하짓날 태양은 적위 δ가 황도경사각 ε과 같다. 즉 $\delta = \varepsilon$이다. 《세초류휘》에 수록된 일출 일입 시각표는 《숭정역서》의 황도경사각 23도 31분 30초를 사용했을 것으로 보고 계산하면 관측위도가 36.0876도가 나온다. 《세초류휘》 본문에 "以上係京都節氣日出入晝夜時刻"이라는 문장이 나오는데 여기서 京都가 한양 즉 서울을 의미하면 한양의 위도는 37도 39분 15초이기에 이 표는 위도 36도에 해당하는 관측지[3]를 염두에 두고 계산한 표롤 생각된다.

따라서 관측 위도를 36도, 황도경사각은 23도 31분 30초를 사용하여 일출, 일몰시각을 계산하여 그려보면 아래 그림의 굵은 점선으로 표시되고, 표 값과 계산 값의 차이는 최대 0.5분미만이기에 낮의 길이 혹은 밤의 길이는 최대 1분미만이다. 북경의 위도가 40도 근처이고, 한양의 위도가 37도 39분 15초이

3) 《세초류휘》에 주어진 '표'는 《알마게스트》에 제시된 위도 36도 지역의 주야시간표와 동일하다.

기에 위도 차이에 따른 주야시간을 보여주기 위해 관측지 위도 40도인 경우를 계산하였다. 일출 및 일몰 시각을 구해보면 하지에 가까울수록 낮의 길이가 더 길어지고, 동지에 가까울수록 낮의 길이가 더 짧아진다. 따라서 한양에서도 같은 경향을 보이기에 하지에 가까울수록 표 값보다 낮의 길이가 더 길고, 동지에 가까울수록 표 값보다 낮이 길이가 더 짧다. 그러나 황도경사각의 값도 시간에 따라 변하고, 관측자의 위도도 다를 수 있기에 일출, 일몰 시각 및 주야시간은 이 값들에 따라 다시 계산되어야 한다. 표준시로 정하는 어떤 지역의 경도에 대해 다른 지방들은 경도차가 발생하기에 태양의 남중 관측으로 시각을 정하면 이 경도 차를 보정해 주어야 표준시로 일출시각과 일몰 시각이 정해진다. 또한 균시차도 보정해 주어야 한다.

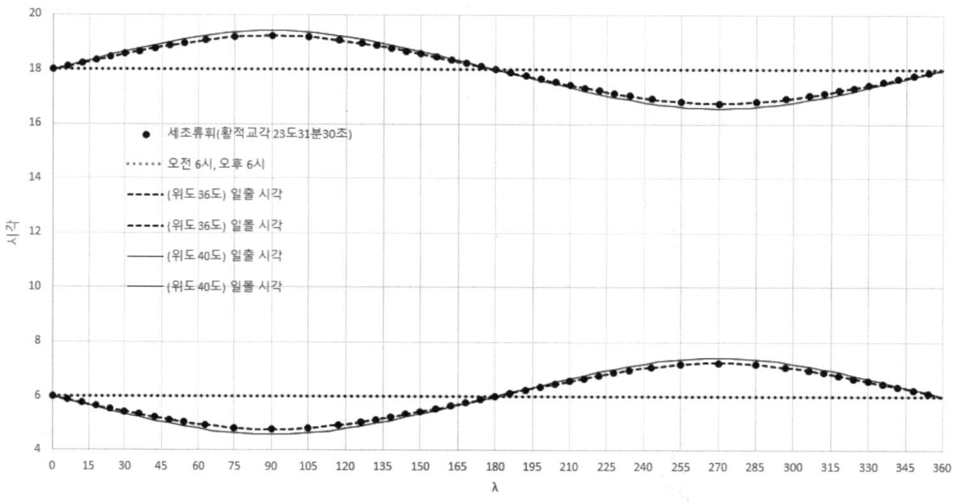

[그림 3] 절기에 따른 주야시간

부록 2 남병길의 《시헌기요(時憲紀要)》[4]에 기록된 태양의 운행[5]

《시헌기요》에는 조두순과 김병기가 쓴 2개의 서문과 남병길이 쓴 발문이 있다. 두 서문과 발문을 제시하면서 《시헌기요》의 소개를 대신한다.

시헌기요 서문〔時憲紀要 敍〕 [조두순(趙斗淳)]

오늘날의 법(法) 가운데 예전보다 정밀해진 것이 있으니 역법(曆法)이 그것이다. 역법이 정밀하기가 나중에 나왔어도 정교한 것이 있으니 《시헌서(時憲書)》가 그것이다. 그런데 박사 제자(博士弟子)들은 역법을 배우고 익히면서 도리어 《시헌서》 이전의 여러 서적을 표준으로 삼았으니, 오래된 것들을 함부로 없애지 않는 것이 옳다. 사마(絲麻,명주실과 삼실)는 옷감의 바탕이 되고, 여음(茹飮, 채소와 술)은 뇌례(牢醴, 제사에 쓰는 희생과 술)의 원조가 되며, 희준(犧尊)과 운뢰(雲罍)의 꾸밈이나 주록(朱綠)과 현황(玄黃)의 아름다움도 후세 사람을 기다려야 하는 바가 있으니, 그것이 《시헌기요(時憲紀要)》를 지은 까닭이다.

나는 상수가(象數家)에 대해서는 어두워 영서연설(郢書燕說)하여 식자들에게서 비웃음을 사는 것은 온당치 않지만, 일찍이 들으니 두예(杜預)는 말하기를, "음양(陰陽)의 운행은 움직임에 따라 차이가 생긴다. 차이가 생기고 또 그치지 않기 때문에, 끝내 역법과 어긋난다."고 하였다. 또 구양공(歐陽公, 북송(北宋)의 학자, 구양수(歐陽脩, 1007~1072))은 말하기를, "세상의 일 가운데 쉽게 어긋나기로는 역법만 한 것이 없다."라고 하였다. 그런 까닭으로 한(漢)나라부터 원(元)나라에 이르기까지 모두 예순 번 넘게 역법을 고쳤으나 술수(術數)의 오류를 모두 바로잡지는 못하였다. 《역(易)》에는 말하기를, "신묘하게 밝히는 것은 오직

---

4) 《시헌기요》는 세종대왕기념사업회의 번역사업으로 남문현, 남종진이 2014년에 번역하였고, 모든 번역은 한국고전번역원db에 찾을 수 있다. 본 서에서는 남문현, 남종진의 번역을 거의 그대로 사용하고 현대천문역법을 설명하기 위해 재구성하였다.

5) 최승언, 조선의 시헌력에서 다루는 태양의 운동에 대한 이론적 고찰 - 『세초류휘』, 『시헌기요』, 『추보속해』를 중심으로, 2021, 고전번역연구 제12장 135~208 내용을 재구성하였음.

사람에게 달렸다."고 하였다. 털끝만 한 오류를 바로잡고 깊은 사려를 쌓는 것은 방법에 구애될 필요는 없으며 그렇다고 방법을 등질 필요도 없다. 옛사람이 이리저리 궁리하고 관찰하면서 선불리 팽개치지 않았던 것이 그 방법은 수십 가지에 지나지 않고, 옛날의 방법과 지금의 방법이 엉성하고 정교함이 달라진 것은 아마도 이치가 그리되었을 따름이리라.

이 책은 운감(雲監)의 제거(提擧, 제조(提調))인 시랑(侍郎) 남병길(南秉吉, 1820~1869)이 지었는데, 제거인 판돈(判敦, 판돈녕부사(判敦寧府事)) 김병기(金炳冀)가 읽어 보고 기뻐하고 마침내 주상께 아뢰어 제생(諸生)의 정식(程式)에서 사용하게 되었다. 내가 생각컨대 제거 시랑은 감덕(甘德)과 석신(石申)의 학문에 대하여 천부적이어서 우리나라에서는 보기 드물게 많이 알고 있다. 그러므로 이 책은 후학들에게 길잡이가 될 것임에 분명하다는 것을 환히 안다. 그리고 나는 보산(步算)은 실제에 적용되지 못하는 쓸모없는 방법이라고 들었는데, 방법이라는 것은 일시적 변통이 있게 마련이다. 대개 역법은 바로잡지 않을 수 없는 것이므로 창조의 지혜를 피할 수 없다.

다시 백년이나 천년이 지나서 지금보다 더 정밀해지지 않는다고 어찌 알 수 있겠는가? 그렇다면 옛날의 정밀함은 지금의 정밀함과 같은 것이다. 특별히 인신촉장(引伸觸長)하여 앞장서려고 함은 시랑(남병길(南秉吉))과 같이 뛰어난 사람을 찾아보기 어렵다.

상(上) 11년(1860, 철종11) 일남지(日南至, 동지)에 대광보국숭록대부(大匡輔國崇祿大夫) 의정부 좌의정(議政府左議政) 겸 영경연사(兼領經筵事) 감춘추관사(監春秋館事) 양주(楊州) 조두순(趙斗淳)이 적다.

시헌기요 서문〔時憲紀要 序〕 [김병기(金炳冀)]

이 책은 운관(雲觀, 관상감(觀象監))의 제거(提擧, 제조(提調))인 시랑(侍郎) 남자상(南子裳, 남병길(南秉吉), 자상은 자(字))이 편찬하였다. 무릇 천상(天象)을 본받아 백성들에게 농사철을 알려 주는 일〔敬授人時〕은 정치의 중요한 방법이어서 역대 제왕들은 누구나 이 일을 크게 여겼고 그 법을 중하게 여겼다. 하지만 그 법은 무척 어렵다. 천체의 형상으로 따지면 옛날에는 선야설(宣夜說)과 개천설(蓋天說)이 위주였지만 지금은 혼원(渾圓)이 되었다. 그 원리로 따지면 옛날에는 적굉(赤紘)을 계산하였으나 지금은 황도(黃道)를 계산한다. 그 방법으로 따지면 옛날에는 적년법(積年法)을 사용하였으나 지금은 절산법(截算法)을 사용한다. 그러나 변장감윤(變章減閏)은 원시(元始,후한(後漢)의 연호, 1~5) 때에 시작

되었고, 백도(白道)의 더디고 빠름은 건상력(乾象曆)에서 창시되었으며, 일행(日行, 태양의 행도)의 영축(盈縮)과 오위(五緯, 오성(五星))의 지질(遲疾)은 황극력(皇極曆)에서 시작되었다. 게다가 번잡한 것을 버리고 간결한 것을 좇고, 엉성하던 데에서 정밀하게 된 것은 그때 그때마다 측정하고 검증하여 거듭 찾아냈기 때문에 그렇게 된 것이다. 이런 것은 한(漢)나라 이후로 2천여 년이 넘는 동안에 표준을 고치고 대강을 바꾼 사람이 60여 명이 있었으나 아직도 끝나지 않았다. 그러니 역술(曆術)을 다루는 것은 지난 자취를 따르고 묵은 이야기를 고수한다고 하여서 자세히 알 수 있는 것이 아님이 분명하다.

우리나라는 본디 풍상(馮相)의 술수(術數)에 익숙하지 않았으나 이제 삼차(三差)를 범위에 넣고 전리(纏離, 일전(日躔)과 월리(月離))가 차질이 없게 대략 깨닫게 된 것은 오로지 중국 시헌력(時憲曆)의 방법에 힘입은 것이다.

운감(雲監, 관상감(觀象監))에는 예로부터 천문과 역법에 관한 두 가지의 문헌을 두고 과시(科試)에 사용하였다. 대개 그 문헌은 이전 시대의 역지(曆志)와 흔천설(昕天說)·궁천설(穹天說)·구천설(九天說)의 오래된 이론을 약간 주워 모은 것인데, 그 학설은 이미 오래되었고 그 수치는 벌써 어긋나며 게다가 추보(推步)하는 계산식(式)도 없다. 그러니 그것을 가지고 학도(學徒)에게 익히라고 하는 것은 사실 가당치 않다. 시랑(남병길(南秉吉))은 용성(容成)과 상고(商高)를 꽤 연구하였고, 상위(象緯)·삼통(三統)·사분(四分)의 술(術)에 두루 능통하며, 소륜법(小輪法)과 타원법(撱圓法)을 환히 알아서, 운감의 제거를 맡자《역상고성(曆象考成)》과《역상고성후편(曆象考成後編)》에서 칠요(七曜)와 교식(交食일식과 월식)에 대한 여러 가지 논법을 빠짐없이 가려내어 모아서 엮어 이를《시헌기요(時憲紀要)》라고 명명하였다. 마침내 전의감(典醫監)과 사역원(司譯院)에서 앞서 행한 사례를 들어 주상께 아뢰고 간행하여, 오래된 책을 대신하여 과취(科取)에 사용하게 되었다. 오호라! 이제야 아래로는 젊은 사람이 배우고 큰 뜻을 품기에 어긋남이 없고, 위로는 과거를 베풀어 인재를 선발하는 데에 걸맞게 되었다. 앞으로 역술이 발전한다면 그것은 이 책의 힘일 것이다.

무릇 상수(象數)는 깊고 오묘하여 또렷이 살피기는 정말 어렵다. 성수(星宿)의 자리는 극(極)의 고저(高低)에 따르니 노요(老曜)로 수명을 검증하고, 발렴(發斂)의 절기는 거리의 대소(大小)에 달렸으니 첨선(添線)으로 길조(吉兆)를 바치고, 세성(歲星)을 얻어서 복을 불러들이고, 식(蝕)이 들지 않으면 하례(賀禮)를 드린다. 이런 잘못이 옛날에는 많았던 듯하다. 그렇지만 변모(弁髦)를 오로지 꿰매어 쓰고 파리(笆籬)가 표준[圭臬]이 되어서, 옛사람의 야목산계(野鶩山雞)를 탄식

한 것을 알지 못함이 지금과 같은 때는 없었다. 그러나 시랑(남병길(南秉吉))은 홀로 뜻이 깊은 말에 마음을 쏟아 그 실마리를 힘써 찾아내어 희화(羲和)·상의(常儀)·용성(容成)·예수(隸首)의 방법이 실처럼 끊어지지 않게 하였으니, 실사구시(實事求是)의 학문이라고 하겠다. 시랑은 나의 중표제(中表弟사촌동생)이고 사천(司天)에서는 동료이니, 책이 완성되자 내게 서문(序文)을 청하기에 이처럼 적는다.

성상(聖上) 11년 경신년(1860, 철종11) 납월(臘月)에 관상감 제조(觀象監提調) 보국숭록대부(輔國崇祿大夫) 행판돈녕부사(行判敦寧府事) 겸 호조 판서(兼戶曹判書) 규장각 검교 제학(奎章閣檢校提學) 김병기(金炳冀)가 적다.

시헌기요 발문[時憲紀要 跋] [남병길(南秉吉)]

《시헌기요(時憲紀要)》는 시헌법(時憲法)의 정수를 기술하여 편하게 익히게 하려는 것이다. 무릇 역법(曆法)을 다루는 요체는 수시로 관측하고 검증하는 것이어서 대대로 이어 내려오며 다듬고 고친 것은 이루 열거하기도 벅차다.

하지만 〈시헌법〉에 이르러서는 중국과 서양의 이론을 두루 합치고 그 본원을 속속들이 연구하여 한 시대의 역법을 명료하게 갖추었을 뿐 아니라 실로 오랜 세월의 무지몽매하던 것을 활짝 열어젖혔다.

이제 그것을 모아 2책으로 만들고 고시(考試)의 책자로 삼으니, 배우는 사람들이 체계를 세우는 데에 실마리가 생기고 방법을 모색하는 데 방향을 알려줄 것이다. 쉽게 터득하는 방법은 오로지 이전의 방법을 탐구하는 데에 달렸다. 그러므로 세월이 쌓일수록 관측과 검증은 더 넓어지고, 나중에 나온 사람은 한층 정교해지는 것이니 형세가 그렇게 만드는 것이다.

〈시헌법〉이 반포되어 시행된 지는 140년이 흘렀는데, 수시로 가감하고 근원을 돌이켜 따져 보며 하늘의 이치에 따라 맞추려고 하는 방법은 또한 후세 사람을 기다려야 하는 것이 당연하다. 그러나 교식(交食)에서 사용한 사거(斜距)·시행(視行)의 비례법 같은 것은 원리가 명확하고 수치가 정확하여 비록 훗날 뛰어난 자가 나오더라도 바꾸지 못할 것이다.

성상(聖上, 철종(哲宗)) 11년(1860) 경신년(庚申年) 양월(陽月, 음력 10월)에 관상감 제조(觀象監提調) 가의대부(嘉義大夫) 전이조 참판(前吏曹叅判) 동지성균관사(同知成均館事) 남병길(南秉吉) 쓰다.

《시헌기요》에 기록된 태양의 경도를 구하는 방법은 《역상고성후편》에 기록된 것과 같다. 《역상고성후편》과 《시헌기요》에서는 지구에서 보는 태양의 궤도는 타원궤도이다. 타원모델에서는 다른 모델과 같이 타원차각만큼 더 보정해주어야 한다. 이 값의 어림 값은 $\frac{1}{4}e^2\sin(2M)$이다. 《역상고성후편》과 《시헌기요》에 기록된 태양의 경도 구하는 순서를 정리하여 [표 6]에 실었다. 현대천문학 역법과 비교하여 다를 것이 없다.

[표 6] 《역상고성후편》과 《시헌기요》에 기록된 태양의 경도 구하는 순서

물리량	계산식	비고
역산대상의 연도	k년	
적년$=\Delta t_{적년}$	$\Delta t_{적년}=k-1723$년(역원)	《시헌기요》의 역원: 1860년
중적분$=\Delta t_{중적분}$	$\Delta t_{중적분}=\Delta t_{적년}\times 365.24233442$일 (세실)	
통적분$=\Delta t_{통적분}$	$\Delta t_{통적분}=\Delta t_{중적분}+32.12254$일(기응)	시헌기요 기응: 30.351524일
천정동지 일분$=e$ 천정동지 간지일 천정동지 시분초$=g$	$e=\mathrm{mod}(\Delta t_{통적분}, 60)$ (일), 일분 $=10000\cdot e$ 갑자로부터 $int(e)$ 만큼 간 간지 $g=(e-int(e))$ (일)	
연근$=\overline{\lambda}_k$ (동지로부터 이튿날 자정 초각까지)	$\overline{\lambda}_k=(1-g)\times 3548.3290987\div 60$(분)	〈일전표〉의 〈태양연근표〉 '거동지표'로 바로 읽음.
기일	천정동지 이튿날의 간지	〈일전표〉의 〈태양연근표〉 '기일'로 바로 읽음.
통적수기일$=f$ 치수 일분$=l$ 치수$=m$	$f=c+27.122554$(수응) $l=int(\mathrm{mod}(f, 28))+1$ $m=$'각'수로부터 l만큼간 치수	〈일전표〉의 〈태양연근표〉 '치수'로 바로 읽음.
천정동지 이튿날 자정초각부터 역산 대상일 자정초각까지 일수	Δt일	
일수$=\Delta\overline{\lambda}$	$\Delta\overline{\lambda}=3548.3290987\cdot\Delta t$ 초	〈일전표〉의 〈태양주세평행표〉 이용
평행$=\overline{\lambda}$	$\overline{\lambda}=\overline{\lambda}_k+\Delta\overline{\lambda}$	

물리량	계산식	비고
적년동안 근지점의 운행도수= $\Delta\varpi_{\text{적년}}$ 일수동안 근지점의 운행도수= $\Delta\varpi_{\text{일수}}$	$\Delta\varpi_{\text{적년}} = b \times 62.9975$ 초 $\Delta\varpi_{\text{일수}} = \Delta t \times 0.17248$ 초	〈일전표〉의 〈태양주세평행표〉 이용
근지점의 평행= ϖ (역산대상연도 천정동지 이튿날 자정 초각 때 근지점이 동지점으로부터 떨어진 도수)	$\varpi = \Delta\varpi_{\text{적년}} + \Delta\varpi_{\text{일수}} + \varpi_0$ $\varpi_0 = 8;7,32,22°$(1723년 역원 최비응)	〈일전표〉의 〈태양연근표〉 '최비'에서 $\varpi_{\text{역상대상해}} = \varpi_0 + \Delta\varpi_{\text{적년}}$를 바로 읽음. 《시헌기요》 역원(1860년) 최비응은 10;31,23,09°
인수= M	$M = \bar{\lambda} - \varpi$	
균수(가감차)= q	$\dfrac{1+e}{1-e} = \dfrac{\tan\left(\dfrac{180° - M}{2}\right)}{\tan\left(\dfrac{180 - M}{2} - \zeta\right)}$ 혹은 $\tan\zeta = \dfrac{e\sin M}{1 - e\cos M}$ 로부터 2ζ(타원계각 ζ) $\tan\theta = \dfrac{\tan M}{\sqrt{1-e^2}}$ 로부터 ξ(타원차각) 여기서 $\xi = \theta - M$이다. $q = 2\zeta + \xi$	〈일전표〉의 〈태양균수표〉 이용.
실행= λ (역산 대상일의 자정초각 때 동지로부터 태양의 실제 위치)	$\lambda = \bar{\lambda} + q = M + \varpi + q$	균수의 가감을 살핌
역산 대상 연도의 황도수검	(역원인 갑자년의 황도수검)+적년×51초/년(세차(歲差))	
수도(역산대상년의 대상일 자정 초각 태양 실제 위치)	실행—(역산 대상 연도의 황도수검 안에서 실행을 넘지 않으면서 가장 가까운 수(宿)의 도분(度分))	

1. 이 방법으로 구한 실행은 동지점을 중심으로 구한 도수이기에 춘분점을 기준하는 황경은 270도를 더해 주어야 한다.
2. 사용한 상수 값(양심차, 근지점 이동, 세실 등)과 가감차 구하는 방법이 현대의 값과 많이 다르지 않기에 이 방법을 이용하여 구한 황경 값과 현대 방법으로 구한 황경 값에 오차가 있을 수 있다. 그러나 그 오차는 매우 작다.
3. 《시헌기요》는 《역상고성 후편》 〈일전역법〉 제2장 추일전법에 나오는 내용을 따랐다.
4. 황도 수검을 위한 세차는 51초로 동일하다. 그러나 《역상고성후편》과 《시헌기요》에서는 《숭정역서》와는 달리 황도수검을 역상대상연도로 바꾼 후에 태양의 수도를 정한다.

부록 3 《칠정산내편》에 기록된 태양의 운동[6)]

고려와 조선 초기에 사용하였던 역법은 1270년에 원(元)나라의 곽수경(郭守敬)이 만든 수시력(授時曆)이었다. 조선 초기 이순지(李純之)와 김담(金淡)이 세종의 명으로 조선에 맞는 수시력의 원리와 방법을 이해하기 쉽게 해설하여 1444년에 편찬한 역법서가 《칠정산내편》이다.

근지점 이동이 100년에 대략 1.7도 정도인데 수시력이 편찬될 당시에는 근지점과 동지점이 사이가 1도 미만으로 아주 가까왔기에 수시력에서는 근지점과 동지점을 같다고 놓았고, 근지점이동에 대한 고려는 태양의 경도를 계산할 때 하지 않았다.

원주를 365.2575도로 보았기에 지금의 도로 환산할 때에는 360/365.2575를 곱해주어야 한다. 항성을 기준으로 태양이 1년간 지나가는 기간을 원주로 하였을 것이다. 그리고 춘분에서 하지까지와 하지에서 추분까지의 기간을 93.7120일 정도로 놓고, 추분에서 동지, 동지에서 춘분까지의 기간은 88.9092일로 놓았다. 이 기간을 모두 합치면 365.2424일이 되는데 지금의 태양년과 비슷하다. [그림 4]에는 지구를 중심으로 황도를 그리고, 이심을 중심으로 태양의 궤도를 그렸다. q는 2.4014일 차이가 된다. 이를 각도로 환산하면 대략 2.367도가 된다. 태양 궤도인 이심원의 반경을 1이라하면 이심과 지구사이의 거리인 양심차 E는 0.0413이 된다. 이 값은 《알마게스트》에서 주어진 값과 거의 비슷하다.

---

6) 한영호, 이은희, 강민정 역주, 칠정산내편 1, 2016, 한국고전번역원 참고

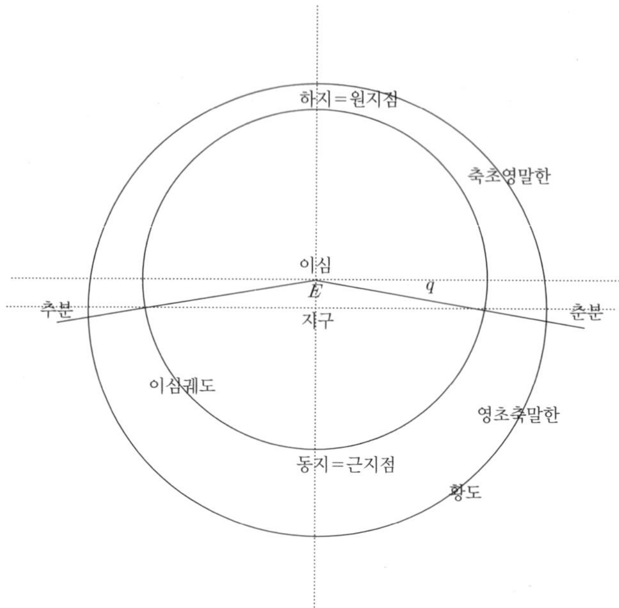

[그림 4] 이심모델로 본 태양의 궤도

《칠정산내편》에서는 가감차 식을 3차식으로 주어 가감차 값을 제시하고 있다. 3차식이 어떤 근거로 만들어졌는지는 알 수 없으나 평균태양과 실제태양의 차이를 관측하여 3차식으로 맞춤(fitting)했을 것으로 보인다. [그림 5]에는 이 값들과 비교를 위해 이심모델과 균륜모델로 주어지는 가감차 값들과 같이 그려보았다. 거의 값들이 비슷해 보인다. 계산에서 양심차는 앞에서 구한 0.0413을 이용하였다.

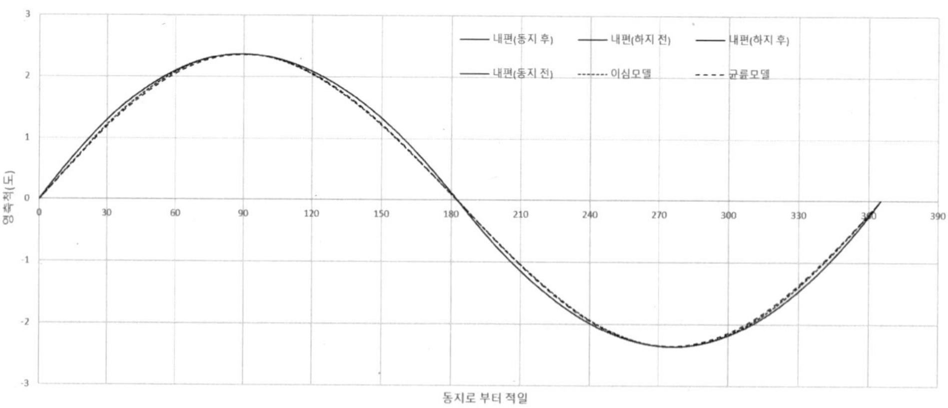

[그림 5] 《칠정산내편》, 이심모델, 균륜모델이 제시하는 가감차 값의 비교

태양의 경도를 구하는 방법은 그리 어렵지 않다. 동지와 근일점이 동일하고 기준이기에, 그리고 근지점이동을 무시하였기에 $\overline{\lambda}$와 M은 같은 값이다. 또한 역원 때의 $\overline{\lambda}_0$와 M_0은 모두 0이다. 이제 동지 이튿날 0시까지의 연근 $\overline{\lambda}_{연근}$을 알고, 태양의 일평균 운행이 n_s이고, 동지 이튿날 0시부터 역산대상일 0시까지의 날짜수를 Δt라 하면 평균태양이 있는 위치는 $\overline{\lambda} = \overline{\lambda}_{연근} + n_s \Delta t$가 된다. 가감차 q는 '표'에서 읽어 사용한다. 역산대상일 태양의 실제 경도는 $\lambda_s = \overline{\lambda} + q$가 된다. 물론 이 경도는 동지로부터 실제 태양이 위치하는 황도상의 거리이다. 여기서는 하루 평균운행도수를 1도(옛날 도수)로 보았는데 현재 도수로 환산하면 대략 360/365.25도가 된다.

실제 태양이 적도에서는 어떻게 위치하는가를 알기 위해서 '시헌력'과 현대 천문학에서는 황도와 적도 사잇각 ϵ를 관측으로 알아 사용하였다. 춘분점을 기준으로 하는 태양의 황경이 λ이면 그 때의 적경을 α라 하면 $\tan\alpha = \tan\lambda\cos\epsilon$인 관계가 있다. 《칠정산내편》에서는 분후적도, 분후황도라는 용어를 사용하기에 이 도수는 춘분점이 기준이다. 따라서 《칠정산내편》에 주어진 표는 $\tan(분후적도) = \tan(분후황도)\cos\epsilon$의 그래프와 비슷해야 한다. $\epsilon = 23°$인 경우에 계산한 값과 비슷한데 그 차이를 [그림 6]에 그려보았다. 최대 6분 정도 차이가 난다. [그림 7]은 분위적위 및 분후황도와 분후적도 차이를 나타낸다.

태양의 평균운행도수는 1도(옛날 도수)이다. 그러나 실제 1일 운행 도수는 가감차가 변하기에 일정하지 않다. 《칠정산내편》에서 제시한 '표'로 그래프를 그리면 [그림 8]에서 직선같이 그려진다. 이를 '균륜모델'을 이용하여 계산해서 그리면 점으로 그려진 곡선인데 두 그래프 차이가 많이 나지만 동지가 근지점에 있기에 이 때에는 빠르게 가고, 하지는 원지점에 있기에 이 때에는 느리게 가는 경향을 보인다.

수시력을 기본으로 하는 《칠정산내편》의 태양의 운동을 보았을 때 근지점이동을 고려하지 않았기에 몇 백 년이 지나면 추보한 태양의 위치가 실제 태양보다 차이가 점점 나게 되어 있다. 그렇지만 추보의 방법에 있어서는 근지점 이동을 제외하고 모든 면을 고려하였다.

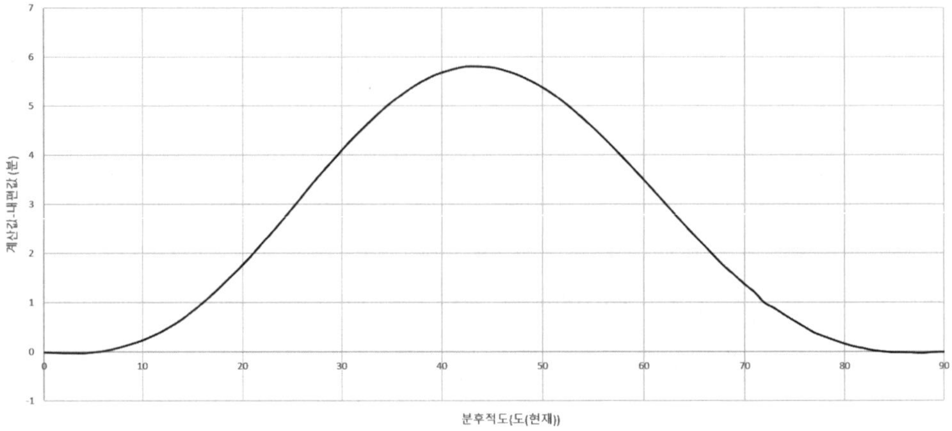

[그림 6] 계산값과 《칠정산내편》의 값과의 차이

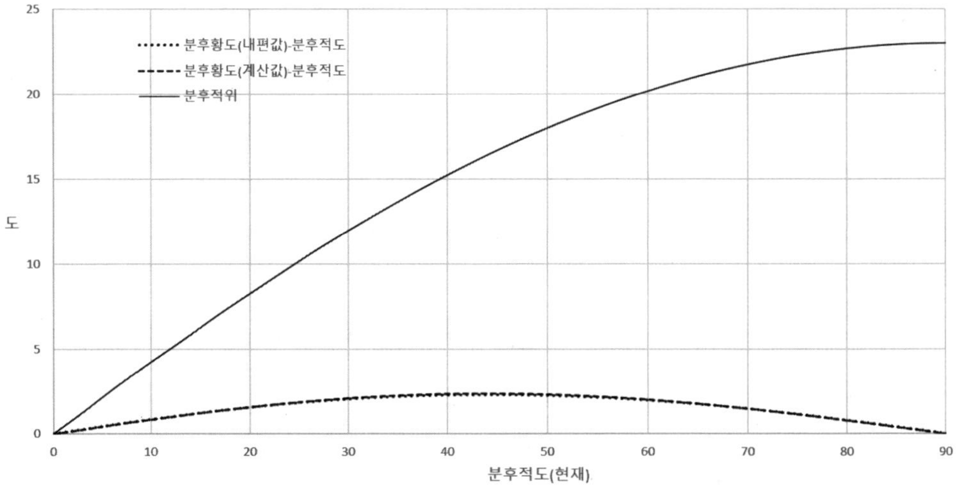

[그림 7] $\epsilon = 23°$일 때 분후적위 및 분후황도와 분후적도 차이

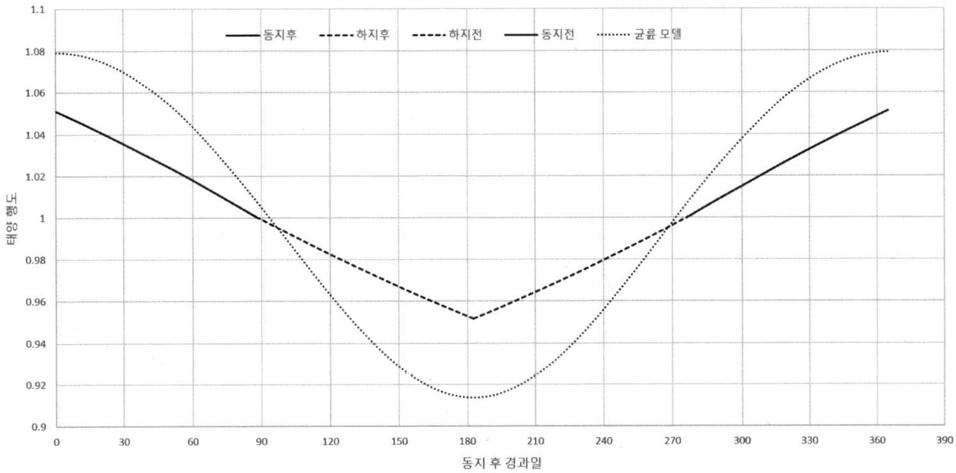

[그림 8] 태양의 실제 운행 도수

저자 소개

최승언 서울대학교 천문학과를 졸업한 후 미국 미네소타대학교 대학원에서 천체물리학으로 박사학위를 받았다. 서울대학교 지구과학교육과 교수, 한국지구과학회장을 역임하였으며, 지금은 서울대학교 명예교수이다. 저서로는 『천문학의 이해』, 『천체물리학의 이해』, 『최승언 교수의 천체지구과학 강의』, 『승정역서에 기록된 태양의 운동』, 『역상고성에 기록된 태양의 운동』, 『역상고성후편에 기록된 태양의 운동』 등이 있다. (홈페이지: http://suchoe.snu.ac.kr)

역사천문학 시리즈 4

태양의 운행 日躔

2023년 10월 10일 1판 1쇄 인쇄
2023년 10월 15일 1판 1쇄 발행

공저자 : 최 승 언
발행인 : 한 정 주
발행처 : 교 육 과 학 사

저자와의 협의하에 인지생략

경기도 파주시 광인사길 71
전화 (031) 955-6956~8 / 팩스 (031) 955-6037
Home-page : www.kyoyookbook.co.kr
E-mail : kyoyook@chol.com
등록 : 1970년 5월 18일 제2-73호

잘못된 책은 바꾸어 드립니다.
Printed in Korea.

정가 15,000 원
ISBN 978-89-254-1825-4
978-89-254-1500-0(세트)